数控机床故障诊断与维修

主　编　聂振华　岳秋琴
副主编　张　伟　瞿付侠　金敉娜

西南交通大学出版社
·成　都·

图书在版编目（CIP）数据

数控机床故障诊断与维修 / 聂振华，岳秋琴主编.
—成都：西南交通大学出版社，2019.1
ISBN 978-7-5643-6654-4

Ⅰ. ①数… Ⅱ. ①聂… ②岳… Ⅲ. ①数控机床－故
障诊断②数控机床－维修 Ⅳ. ①TG659

中国版本图书馆 CIP 数据核字（2018）第 291073 号

数控机床故障诊断与维修

	责任编辑／王　旻
主　编／聂振华　岳秋琴	助理编辑／何明飞
	封面设计／墨创文化

西南交通大学出版社出版发行
（四川省成都市二环路北一段 111 号西南交通大学创新大厦 21 楼　610031）
发行部电话：028-87600564　028-87600533
网址：http://www.xnjdcbs.com
印刷：成都中永印务有限责任公司

成品尺寸　185 mm×260 mm
印张　12　字数　251 千
版次　2019 年 1 月第 1 版
印次　2019 年 1 月第 1 次

书号　ISBN 978-7-5643-6654-4
定价　32.00 元

前　言

　　数控机床故障诊断与维修课程，其主要的载体是数控机床。数控机床是一种综合应用了计算机、自动控制、自动检测、精密机械设计和制造等先进技术的高新技术产物，是技术密集度及自动化程度都很高的、典型的机电一体化产品。因此，这是一门综合性和技术性很强的课程。

　　本课程注重理论和实际的联系，通过理论的学习，再结合相应的设备，力争达到所学的理论能够和实际所用的实现无缝连接。通过本课程的学习，学生能够正确使用电气故障诊断与维修工具，具备数控机床典型故障诊断与维修的初步能力，尤其是电气故障的排查能力；能培养遵守操作规程、安全文明生产的良好习惯；具有严谨的工作作风和良好的职业道德修养。

　　本书包括基础篇和实践篇两大模块：基础篇包含三部分内容，第一部分简要介绍数控机床结构及工作原理，第二部分介绍数控机床机械故障诊断与排查方法，第三部分介绍数控机床电气故障排查方法；实践篇包含四部分的内容，第一部分介绍数控机床刀架故障诊断与维修，第二部分介绍数控机床主轴系统故障诊断与维修，第三部分介绍数控机床进给系统故障诊断与维修，第四部分介绍数控系统故障诊断与维修。基础篇重点放在故障排查的方法，包括机械及电气部分故障排查的方法，实践篇以刀架、主轴、进给和数控系统为例，针对每部分，结合实际的机床电气原理图以及梯形图，进行工作原理的分析；针对具体的故障，结合电气原理图及 PLC 的端子状态，进行故障排查。

　　本书可作为职业院校三年制、五年制高职高专数控技术等机电类、数控、设备管理维修专业的教材，也可作为成人教育、企业职工技术培训及自学用书。

　　本书由重庆电子工程职业学院聂振华、岳秋琴担任主编，重庆电子工程职业学院张伟、瞿付侠、金枚娜担任副主编。其中基础篇第三部分数控机床电气故障排查方法、实践篇第一部分数控机床刀架故障诊断与维修、第二部分数控机床主轴系统故障诊断与维修，第三部分数控机床进给系统故障诊断与维修由聂振华编写；基础篇第二部分数控机床机械故障诊断与排查方法由岳秋琴编写；实践篇第四部分数控系统故障诊断与维修由张伟编写；基础篇第一部分数控机床结构及工作原理由瞿付侠编写，全书由金枚娜负责统稿。

　　教材编写过程中，编者参考了相关著作和资料，在此，向这些参考文献的原作者表示感谢。限于编者的理论水平和实践经验，书中难免存在不足和疏漏之处，敬请广大读者批评指正。

编　者

2018 年 12 月

目　录

理论篇

实践篇

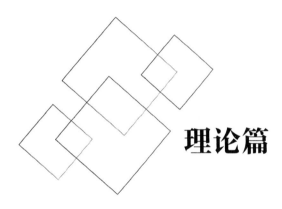

理论篇

1 数控机床结构及工作原理

1.1 数控机床的发展历程

数控机床是采用了数字控制技术的机床。数字控制（Numerical Control）技术，简称数控（NC）技术，是用数字化信息对机械设备的运动及其加工过程进行自动控制的一种方法。数控机床是从普通机床的基础上发展而来的。军事工业需求是数控机床发展的原始动力，军事工业的发展不断促进数控机床升级。随着市场竞争的加剧，民用工业高精度、高效率、柔性化及批量生产，对数控机床产业化的要求更加迫切。纵观世界数控机床的发展史，大致可以分为以下四个阶段：

1.1.1 起步阶段（1953—1979 年）

1948 年，美国帕森斯公司接受美国空军委托，研制飞机螺旋桨叶片轮廓样板的加工设备。由于样板形状复杂多样，精度要求高，一般加工设备难以适应，于是提出计算机控制机床的设想。1949 年，在美国麻省理工学院伺服机构研究室的协助下，帕森斯公司开始数控机床的研究。

1952 年，美国麻省理工学院和吉丁斯·路易斯公司联合研制出世界上第一台由大型立式仿形铣床改装而成的三坐标数控升降台铣床，开创了数控机床产业发展的历史。

1956 年，联邦德国、日本、苏联等国分别研制出数控机床。20 世纪 60 年代初，美国、日本、联邦德国、英国相继进入数控机床商品化试生产阶段。当时的数控装置采用电子管元件，体积庞大，价格昂贵，只在航空工业等少数有特殊需要的部门用来加工复杂型面零件。

1959 年，晶体管元件印制电路板的问世，使数控装置进入了第二代，体积缩小，成本有所下降；1960 年以后，较为简单和经济的点位控制数控钻床和直线控制数控铣床得到较快发展，数控机床在机械制造业各部门逐步得以推广。

1965 年，出现了第三代的集成电路数控装置，其特点是体积小，功率消耗少，且可靠性提高，价格进一步下降，集成电路数控装置促进了数控机床品种和数量的发展。

20 世纪 60 年代末，先后出现了由一台计算机直接控制多台机床的直接数控系统（简称 DNC），又称群控系统；以及采用小型计算机控制的计算机数控系统（简称 CNC 系统）。数控装置进入了以小型计算机化为特征的第四代。

1974 年，使用微处理器和半导体存储器的微型计算机数控装置（简称 MNC）研制成功，这是第五代数控系统。第五代与第三代相比，数控装置的功能扩大了一倍，而体积则缩小为原来的 1/20，价格降低了 3/4，可靠性也得到极大地提高。同时，数控机床的基础理论和关键技术有了新的突破，从而给数控机床发展注入了新的活力，世界发达国家的数控机床产业开始进入发展阶段。

1.1.2　发展阶段（1980—1989 年）

20 世纪 80 年代，微处理器运算速度快速提高，功能不断完善、可靠性进一步提高，出现了小型化、能进行人机对话式自动编制程序并可以直接安装在机床上的数控装置。数控机床的自动化程度进一步提高，监控、检测、换刀、外围设备得到了应用，具备自动监控刀具破损和自动检测工件等功能，使数控机床得到了全面发展。

1.1.3　成熟阶段（1990—1999 年）

20 世纪 90 年代，数控机床得到了普遍应用，数控机床技术有了进一步发展，柔性单元、柔性系统、自动化工厂开始得到应用，标志着数控机床产业化进入成熟阶段。

1.1.4　高水平发展阶段（2000 年至今）

进入 21 世纪，军事技术和民用工业的发展对数控机床的要求越来越高，应用现代设计技术、测量技术、工序集约化、新一代功能部件以及软件技术的发展，使数控机床的加工范围、动态性能、加工精度和可靠性有了极大提高。科学技术，特别是信息技术的迅速发展，高速高精控制技术、多通道开放式体系结构、多轴控制技术、智能控制技术、网络化技术、CAD/CAM 与 CNC 的综合集成，使数控机床技术进入了智能化、网络化、敏捷制造、虚拟制造的更高阶段。新一代数控机床为提高生产效率不断向超高速方向发展：主轴转速可达 15 000 ~ 100 000 r/min；进给运动部件快速移动速度达 60 ~ 120 m/min，切削进给速度达 60 m/min，最高加速度达到 10g；加工中心换刀时间减少至小于 1 s。主轴与刀具的接口以适合高速加工的 HSK 等接口为主，主轴径向圆跳动误差小于 2 μm，轴向窜动小于 1 μm，轴系不平衡度达到 G0.4 级。

1.2 数控机床概述

数控机床是数字控制机床（Computer Numerical Control Machine Tools）的简称，是一种装有程序控制系统的自动化机床。数控机床较好地解决了复杂、精密、小批量、多品种的零件加工问题，是一种柔性的、高效能的自动化机床，代表了现代机床控制技术的发展方向，是一种典型的机电一体化产品。

随着电子信息技术的发展，世界机床业已进入了以数字化制造技术为核心的机电一体化时代，其中数控机床就是代表产品之一。数控机床是制造业的加工母机和国民经济的重要基础。目前，德、美、日等工业化国家已先后完成了数控机床产业化进程，而我国从 20 世纪 80 年代开始进入经济实用阶段，现在处于高速发展阶段。

与普通机床相比，数控机床有如下特点：

（1）对加工对象的适应性强，适应模具等产品单件生产的特点，为模具的制造提供了合适的加工方法。

（2）加工精度高，具有稳定的加工质量。

（3）可进行多坐标的联动，能加工形状复杂的零件。

（4）加工零件改变时，一般只需要更改数控程序，可节省生产准备时间。

（5）机床本身的精度高、刚性大，可选择有利的加工用量，生产率高。

（6）机床自动化程度高，可以减轻劳动强度。

（7）有利于生产管理的现代化。数控机床使用数字信息与标准代码处理、传递信息，使用了计算机控制方法，为计算机辅助设计、制造及管理一体化奠定了基础。

（8）对操作人员的素质要求较高，对维修人员的技术要求更高。

（9）可靠性高。

数控机床不仅具有高速度和高精度，而且随着数控技术的发展，数控机床发展的总趋势主要表现为复合化、智能化、网络化。

复合化：数控机床的功能复合化的发展，其核心是在一台机床上要完成车、铣、钻、攻丝、绞孔和扩孔等多种操作工序，从而提高了机床的效率和加工精度，提高生产的柔性。机床复合技术进一步扩展随着数控机床技术进步，复合加工技术日趋成熟，包括车铣复合、车-镗-钻-齿轮加工复合、车磨复合、成型复合加工、特种复合加工等，复合加工的精度和效率大大提高。"一台机床就是一个加工厂""一次装卡，完全加工"等理念正在被更多人接受，复合加工机床发展正呈现多样化的态势。

智能化：智能化的内容包括在数控系统中的各个方面。为追求加工效率和加工质量方面的智能化；为提高驱动性能及使用连接方便等方面的智能化；简化编程、简化操作方面的智能化；还有如智能化的自动编程、智能化的人机界面等，以及智能诊断、智能监控等方面的内容，方便系统的诊断及维修。数控机床的智能化在数控系统的性能上得到了较多体现。例如自动调整干涉防碰撞功能、断电后工件自动退出安全区断电保护功能、加工零件检测和自动补偿学习功能、高精度加工零件智能化参数选用功能、加工过程自动消除机床振动等功能。数控机床的智能化提升了机床的功能和品质。

网络化：对于面临激烈竞争的企业来说，使数控机床具有双向、高速的联网通信功能，以保证信息流在车间各个部门间畅通无阻是非常重要的。既可以实现网络资源共享，又能实现数控机床的远程监视、控制、培训、教学、管理，还可实现数控装备的数字化服务（数控机床故障的远程诊断、维护等）。

1.3　数控机床分类

数控机床分类方法很多，一般按数控机床所配用数控系统的功能和配置，可分为经济型、普及型和高级型数控机床3种。按工艺用途分类，常用的数控机床主要有数控车床、数控铣床、数控电火花成形机床、数控电火花线切割机床及数控磨床。

1.3.1　数控车床

数控车床是目前使用最广泛的数控机床之一（见图1.1），主要用于加工轴类、盘类等回转体零件，能自动完成内外圆柱面、圆锥面、成形表面、螺纹和端面等切削加工，并能进行车槽、钻孔、扩孔、铰孔等工作。车削中心可在一次装夹中完成更多的加工工序，提高加工精度和生产效率，特别适合于复杂形状回转类零件的加工。

图 1.1　数控车床

数控车床品种繁多，规格不一，可按如下方法进行分类。

1. 按主轴位置分类

按主轴位置可分为立式数控车床和卧式数控车床。

立式数控车床简称为数控立车，其主轴垂直于水平面，并有一个直径很大的圆形工作台用于装夹工件。这类机床主要用于加工径向尺寸大、轴向尺寸相对较小的大型复杂零件。

卧式数控车床又分为数控水平导轨卧式车床和数控倾斜导轨卧式车床。其倾斜导轨结构可以使车床具有更大的刚性，并易于排除切屑。

2. 按工件基本类型分类

按工件基本类型可分为卡盘式数控车床和顶尖式数控车床。

卡盘式数控车床没有尾座，适合车削盘类（含短轴类）零件。夹紧方式多为电动或液压控制，卡盘结构多采用可调式或不淬火的卡爪。

顶尖式数控车床配有普通尾座或数控尾座，适合车削较长的零件及直径不太大的盘类零件。

3. 按刀架数量分类

按刀架数量可分为单刀架数控车床和双刀架数控车床。

单刀架数控车床一般都配置有各种形式的单刀架，如四工位转动刀架或转塔式自动转位刀架。

双刀架数控车床的双刀架配置可平行分布，也可以相互垂直分布。

4. 按功能分类

按功能可分为经济型数控车床、普通型数控车床和车削加工中心。

经济型数控车床是采用步进电动机和单片机对卧式车床进行改造后形成的简易型数控车床，成本较低，但自动化程度和功能都比较差，车削加工精度也不高，适用于要求不高的回转类零件的车削加工。

普通型数控车床是根据车削加工要求在结构上进行专门设计并配备通用数控系统而形成的数控车床，数控系统功能强，自动化程度和加工精度也比较高，适用于一般回转类零件的车削加工。

车削加工中心在普通数控车床的基础上，增加了 C 轴和铣削动力头，更高级的数控车床还带有刀库。由于增加了 C 轴和铣削动力头，车削中心的加工功能大大增强，除可以进行一般车削外还可以进行径向和轴向铣削、曲面铣削、中心线不在零件回转中心的孔和径向孔的加工。

1.3.2 数控铣床（见图 1.2）

铣削与车削的原理不同，铣削时刀具回转完成主运动，工件做直线（或曲线）进给。旋转的铣刀是由多个切削刃组合而成的，因此铣削是非连续的切削过程。铣削加工是机械加工中最常用的加工方法之一，包括平面铣削、轮廓铣削、钻、扩、铰、镗、锪及螺纹加工，主要用来加工平面及各种沟槽，也可以加工齿轮、花键等成形面（或槽）。

图 1.2　数控铣床

数控铣削加工一般用于下列零件的生产：① 轮廓形状复杂或难以控制尺寸的零件，如模具零件、壳体类零件；② 用数学模型描述的复杂曲线零件以及三维曲面类零件；③ 需要进行多道工序加工，精度要求高的零件。

数控铣床按机床构造可分为工作台升降式、主轴头升降式和龙门式数控铣床。

1. 工作台升降式

这类数控铣床采用工作台纵向、横向和升降移动，而主轴不动的方式，常见于小型数控铣床。

2. 主轴头升降式

这类铣床采用工作台纵向和横向移动，主轴沿溜板上下移动的形式。主轴头升降式数控铣床在精度保持、承载重量、系统构成等方面具有很多优点，已成为数控铣床的主流形式。

3. 龙门式

这类数控铣床主轴可以在龙门架的横向与垂直溜板上运动，而龙门架则沿床身做纵向运动。大型数控铣床，因考虑到扩大行程、缩小占地面积及刚性等技术上的问题，往往采用龙门架移动式。

1.3.3 加工中心（见图 1.3）

加工中心是目前世界上产量最高、应用最广泛的数控机床之一。加工中心综合加工能力较强，工件一次装夹后能完成较多的加工内容，加工精度高。对于中等加工难度的批量工件，其效率是普通设备的 5~10 倍，特别适用于下列零件的加工：① 周期性复合投产零件；② 高效、高精度零件；③ 中小批量生产的零件；④ 形状复杂的零件。

图 1.3　加工中心

加工中心的种类也是多种多样，可以按下列方式进行分类。

1. 按换刀形式分类：带机械手的加工中心、无机械手加工中心和带转塔式刀库的加工中心

带机械手的加工中心换刀装置由刀库、机械手组成，换刀动作由机械手完成；无机械手加工中心换刀过程由刀库、主轴箱配合动作来完成；带转塔式刀库的加工中心一般应用于小型加工中心，以孔加工为主。

2. 按机床形态分类：卧式、立式、龙门式和万能加工中心

卧式加工中心主轴轴线为水平状态，一般具有 3~5 个运动坐标。常见的有 3 个直线运动坐标和 1 个回转坐标，使工件能够一次性完成除安装面和顶面以外的其余 4 个面的加工，适用于复杂的箱体类零件、泵体、阀体等零件的加工。

立式加工中心主轴轴线为垂直状态设置，一般具有 3 个直线运动坐标，工作台具有分度和旋转功能，可在工作台上安装一个水平轴的数控回转工作台用以加工螺旋线零件。立式加工中心适用于简单箱体、箱盖、板类零件和平面凸轮的加工。

龙门式加工中心与龙门铣床类似，适用于大型或形状复杂的零件加工。

万能加工中心也称五面体加工中心，工件装夹后能够完成除安装面以外的所有面的加工，具有立式和卧式加工中心的功能。万能加工中心常有两种形式：一种是主轴可以旋转 90°，既可像立式加工中心，也可像卧式加工中心一样加工；另一种是主轴不改变方向，而工作台旋转 90°，完成对工件 5 个面的加工。

1.3.4　数控电火花加工机床（见图 1.4）

电火花加工在特种加工中是比较成熟的工艺。在民用、国防和科学研究等领域已经获得了广泛应用，其设备类型较多，但按工艺过程中工具与工件相对运动的特点和用途来分，大致可以分为 6 大类。其中，应用较广、数量较多的是电火花线切割机床和电火花成形加工机床。

图 1.4　电火花加工机床

1. 电火花线切割机床

电火花线切割加工是利用工具电极（钼丝）与工件两极之间脉冲放电时产生的电腐蚀现象对工件进行加工。电火花线切割加工广泛应用于加工各种冲模；有微细异形孔、窄缝和复杂形状的工件；样板和成形刀具；粉末冶金模、镶拼型腔模、拉丝模、波纹板成形模；硬质材料、切割薄片，切割贵重金属材料；凸轮及特殊齿轮。

2. 电火花成形加工机床

电火花成形加工机床的工作原理与电火花线切割机床一样，只是工具电极是成形电极，与要求加工出的零件有相适应的截面或形状。电火花成形加工机床广泛用于航天、航空、电子、核能、仪器、轻工等部门各种难加工材料和复杂形状零件的加工，加工范围从几微米的孔、槽到几米大的模具和零件。

1.4 数控机床的组成

数控机床是由普通机床发展而来，在机械结构上与同类普通机床相似，具有主运动装置、进给运动装置、辅助运动装置。数控机床又是由计算机自动控制的机床，相对普通机床，数控机床多了数字控制部分和伺服执行部分。

数控机床的组成一般由输入输出设备、计算机数控（CNC）装置、PLC及其接口电路、主轴和进给伺服系统、测量装置和机床本体（组成机床的各机械部件）等几部分组成，如图1.5所示。除了机床本体以外的部分统称为数控系统（图中虚线框所示），其中计算机数控装置是数控系统的核心。

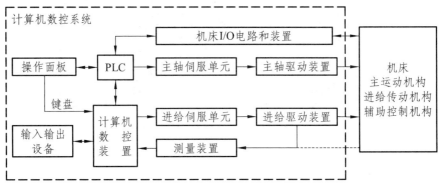

图 1.5　数控机床的基本组成

1.4.1　输入输出设备

数控机床加工前，必须读入操作人员编好的零件加工程序。在加工过程中，要显示各种加工状态，包括刀具的位置、各种报警信息等，以便操作人员了解机床的工作情况，及时解决加工中出现的各种问题。这就是输入/输出设备的作用。最常用的输入设备是键盘，操作人员可以通过键盘输入、编辑和修改零件加工程序或输入控制指令。最常用的输出设备是显示器和各种信号指示灯，用以显示机床当前的加工参数、状态。串行输入/输出接口也是输入/输出设备，其作用是以串行通信的方式与上级计算机或其他数控机床进行加工程序的传递。随着计算机技术的发展，一些计算机通用技术逐渐融入数控系统，计算机的所有输入/输出手段都将出现在数控系统中。

操作面板是一个集成的输入输出设备。它是操作人员与数控装置进行信息交流的工具组成，包括键盘、显示器、按钮、按键、旋钮开关、状态灯等。如图1.6所示为日本FANUC数控系统的一款操作面板。

图 1.6　FANUC 数控系统操作面板

1.4.2　计算机数控（CNC）装置

CNC 装置是数控系统的核心，数控装置由硬件和软件两大部分组成。现代数控系统普遍采用通用计算机作为数控装置的主要硬件，包括了微机系统的基本组成部分：CPU、存储器、局部总线以及输入/输出接口等；软件部分就是我们通常所说的数控系统软件。数控装置的基本功能是读入零件加工程序，根据输入的加工程序进行相应的处理（如运动轨迹处理、机床输入输出处理等），然后输出控制命令到相应的执行部件（伺服单元、驱动装置和 PLC 等），所有这些工作是由 CNC 装置内的硬件和软件协调配合来完成，使整个数控系统有条不紊地进行工作。

1.4.3　PLC 辅助控制装置

PLC 和数控装置配合共同完成数控机床的控制。数控装置主要完成与数字运算和管理等有关的功能，如零件程序的编辑、译码、插补运算、位置控制等。PLC 主要完成与逻辑运算有关的动作，它将零件加工程序中的 M 代码、S 代码、T 代码等顺序动作信息，译码后转换成对应的控制信号，控制辅助装置完成机床的相关动作，如工件的装夹、刀具的更换、切削液的开关等一些辅助功能。PLC 接受机床操作面板和来自数控装置的指令，一方面通过接口电路直接控制机床的动作，另一方面通过伺服单元控制主轴电动机的转动。

用于数控机床的 PLC 一般分为两类：一类是数控系统生产厂家为实现数控机床的顺序控制，而将数控装置和 PLC 综合起来设计，成为内装型（或集成型）PLC，内装型 PLC 是数控装置的一部分；另一类是用 PLC 专业生产厂家的独立 PLC 产品来实现顺序控制功能，称为独立型（或外置型）PLC。目前数控机床中，大多采用内装型（或集成型）PLC。

1.4.4 伺服驱动系统

伺服驱动系统由伺服驱动单元（伺服控制电路、功率放大电路）和驱动装置（伺服电动机）组成。伺服系统包括主轴伺服系统和进给伺服系统两部分。主轴伺服系统接收来自 PLC 的转向和转速指令，经过功率放大后驱动主轴电动机转动。进给伺服系统在每个插补周期内接收数控装置的位移指令，经过功率放大后驱动进给电动机转动，同时完成速度控制和反馈控制功能。根据所选电动机的不同，伺服单元的控制对象可以是步进电动机、直流伺服电动机或交流伺服电动机，每种伺服电动机的性能和工作原理都不同。步进电动机是最简单的伺服电动机。随着交流电动机调速技术的发展，数字式交流伺服系统的应用越来越普遍。

1.4.5 测量装置

测量装置也称反馈元件，通常安装在机床的工作台上或丝杠上。其作用是通过检测机床移动的实际位置、速度参数，将其转换成电信号，并反馈到 CNC 装置中，使 CNC 装置能随时判断机床的实际位置、速度是否与指令一致，发出相应控制信号，纠正所产生的误差。CNC 系统按有无测量装置可分为闭环和开环系统；按测量装置安装的位置不同，又可分为全闭环与半闭环数控系统。开环数控系统无测量装置，其控制精度取决于步进电机和丝杠的传动精度。闭环数控系统的精度取决于测量装置的精度。因此，测量装置是高性能数控机床的重要组成部分。

1.4.6 机床本体

数控机床的机械部件包括：主运动部件，进给运动执行部件（如工作台、拖板及其传动部件），床身、立柱等支承部件，还有冷却、润滑、转位和夹紧等辅助部件。对于加工中心类的数控机床，还有存放刀具的刀库，交换刀具的机械手等部件。

数控机床是高精度和高生产率的自动化加工机床。与普通机床相比，数控机床的机械机构具有以下特点：

（1）数控机床的切削用量通常较普通机床大，所以要求机械部分有更大的刚度。

（2）数控机床的导轨要采取防爬行措施，如采用滚动导轨或塑料涂层导轨。

（3）数控机床的机械传动链要尽量地短，齿轮传动副和丝杠螺母副要采取消隙措施，一般采用滚动丝杠以获得较好的动态性能。

（4）对加工精度要求较高的数控机床还应采取减小热变形、提高精度的措施。

1.5 数控机床的工作原理

数控机床的工作原理如图 1.7 所示。按照零件加工的技术要求和工艺要求，用规定的代码和程序格式编写零件的加工程序，然后将加工程序指令输入到数控装置中，通过数控装置将程序（代码）进行译码、运算后，向数控机床各个坐标的伺服装置和辅助控制装置发出信号，控制机床的主轴运动、进给运动、更换刀具，以及工件的夹紧与松开，冷却、润滑泵的开与关，使刀具、工件和其他辅助装置严格按照加工程序规定的顺序、轨迹和参数进行工作，从而加工出符合图纸要求的零件。

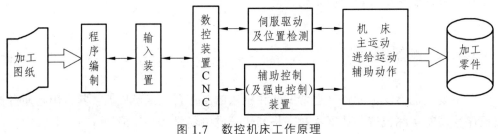

图 1.7 数控机床工作原理

2 数控机床机械故障诊断与排除方法

所谓机械部件故障，就是指机床在运行过程中，机械系统（零件、组件、部件或整台设备乃至一系列的设备组合）受到力、热、摩擦以及磨损等诸多因素的作用，偏离其设计状态而丧失部分或全部功能的现象。经验表明，数控机床30%以上的故障与机械结构有关，因此，在数控机床机械结构的维护、保养、维修和调整上应给予足够的重视。

2.1 机械故障类型及诊断方法

2.1.1 机械故障类型

数控机床是集机、电、液、气、光等为一体的自动化机床，经各部分的执行功能最后共同完成机械执行机构的移动、转动、夹紧、松开、变速和换刀等动作，实现切削加工任务。在机床工作时，它们的各项功能相互结合，发生故障时也混在一起，故障现象与故障原因并非简单的一一对应关系，往往一种故障现象由几种不同原因引起或一种原因引起几种故障，即大部分故障是以综合故障形式出现的，这就给故障诊断及其排除带来了很大困难。数控机床机械故障的常见类型如表2.1所示。

表 2.1 数控机床机械故障的常见类型

序号	类 型	说 明
1	功能性故障	主要指工件加工精度方面的故障，表现在加工精度不稳定、加工误差大、工件表面粗糙
2	动作型故障	主要指机床各执行部件动作故障，如主轴不转动、液压变速不灵活、工件或刀具夹不紧或松不开、刀架或刀库转位定位不准等
3	结构型故障	主要指主轴发热、主轴箱噪声大、切削时产生振动等
4	使用型故障	主要指因使用和操作不当引起的故障，如由过载引起的机件损坏、撞车等

在机械故障出现以前，可以通过精心维护保养来延长机件的寿命。当故障发生以后，一般轻微的故障，可以通过精心调整来解决，如调整配合间隙、供油量、液（气）压力、流量、轴承及滚珠丝杠的预紧力、堵漏等措施。对于已磨损、损坏或丧失功能的零部件，则通过修复或更换的办法来排除故障。

2.1.2 机械故障特点

通常情况下，数控机床的机械系统按其部位分区、分模块地进行故障检修。其机械故障的特点如表 2.2 所示。

表 2.2 数控机床机械故障的特点

序号	类　型	说　明
1	进给传动链故障	进给传动链故障常与运动副预紧力、松动环节和补偿环节有关。这类故障发生时会产生定位精度下降，反向间隙过大，机械爬行，轴承噪声过大，运动品质下降等现象
2	主轴部件故障	可能出现故障的部分有：自动换刀部分的刀杆拉紧机构、刀具定位精度、自动换挡机构及主轴运动精度的保持装置等
3	自动换刀装置（ATC）故障	自动换刀装置用于加工中心等设备，目前 50%的机械故障与它有关。故障主要有刀库运动故障、定位误差过大、机械手夹持刀柄不稳定和机械手运动误差过大导致换刀动作卡住使整机停止工作等
4	行程开关故障	压合行程开关的机械装置可靠性及行程开关本身的品质、特性都会大大影响整机的故障率及排除故障的工作
5	附件的可靠性	附件包括切削液装置、排屑装置、导轨防护罩、切削液防护罩、主轴冷却恒温油箱和液压油箱等

2.1.3 机械故障诊断方法

数控机床在运行过程中，机械零部件受到冲击、磨损、高温、腐蚀等多种作用，运行状态不断变化，一旦发生故障，往往会导致不良后果。因此，必须在机床运行过程中或在不拆卸全部设备的情况下，对机床的运行状态进行定量测定，判断机床的异常及故障部位和原因，并预测机床未来的状态，以提高机床运行的可靠性和机床的利用率。

数控机床机械故障诊断的任务如下：

（1）诊断引起机械系统劣化或故障的主要原因。

（2）掌握机械系统劣化或故障的程度及故障的部分。

（3）了解机械系统的性能、强度及效率。

（4）预测机械系统的可靠性及使用寿命。

机械系统故障的诊断方法在诊断技术上大体分为"实用诊断技术""常用诊断技术""现代诊断技术"3 种方法。一般情况都采用实用诊断技术来诊断机床的现时状态，只有对那些在实用诊断中提出疑难问题的机床才进行下一步的诊断，综合应用 3 种诊断技术才最经济有效。数控机床机械故障的诊断方法如表 2.3 所示。

表 2.3　数控机床机械故障的诊断方法

诊断方法分类	诊断方法	原理与应用
实用诊断技术	问、看、听、触、嗅	借用简单工具、仪器监测，如百分表、水准仪、光学仪等。利用人的感官，通过形貌、声音、温度、颜色和气味的变化来诊断，此诊断技术能快速测定故障部位，监测劣化趋势，以选择有疑难问题的故障进行精密诊断。需要检测者有丰富的实践经验，这种方法被广泛用于现场诊断
常用诊断技术	查阅技术档案资料	从以前发生的故障中找规律、查原因、做判别，罗列造成故障的可能原因，再逐一进行分析，从而缩短了分析诊断的时间，使数控机床尽快地投入使用
现代诊断技术	振动监测法	通过安装在机床某些特征点上的传感器，利用振动计巡回检测，测量机床上某些特定测量处的总振级大小，如位移、速度、加速度和幅频特征等，对故障进行预测和监测。但是要注意首先应进行强度测定，确认有异常时，再做定量分析
	油液光谱分析法	通过使用原子吸收光谱仪，对进入润滑油或液压油中磨损的各种金属微粒和外来砂粒、尘埃等残余物进行形状、大小、化学成分和浓度分析，判断磨损状态、激励和严重程度，从而有效地掌握零件磨损情况
	噪声谱分析法	用噪声测量计、声波计对机床齿轮、轴承运行中的噪声信号频谱的变化规律进行深入分析，识别和判断齿轮、轴承磨损时效故障状态，可做到非接触式测量，但要减少环境噪声干扰，首先应进行强度测定，确认有异常时，再做定量分析
	温度监测法	用于机床运行中发热异常的检测，利用各种测温热电偶探头，测量轴承、轴瓦、电动机和齿轮箱等装置的表面温度，具有快速、准确、方便的特点
	无损探伤法	通过探伤仪观察内部机体，确认零件内部或表面不存在危险性或非允许缺陷。这种方法在数控机床的制造及其机械故障的诊断中也有广泛的应用

实用诊断技术方法也称机械检测法，它是由维修人员使用一般的检查工具或凭感觉器官对机床进行问、看、听、触、嗅等诊断，即通过对数控机床形貌、声音、温度、颜色和气味的变化来判断其故障。它能快速测定故障部位，监测劣化趋势，并选择有疑难问题的故障进一步精密诊断。

常用诊断技术则事先要查阅技术档案资料，从以前发生的故障中分析规律、查原因、做判别，罗列造成故障的可能原因，再逐一进行分析，从而缩短了分析诊断的时间，使数控机床尽可能快地投入使用。

现代诊断技术是根据实用诊断技术选择出的疑难故障，由专职人员利用先进测试手段进行精确的定量检测与分析，根据故障位置、原因和数据，确定最合适的修理方法和时间的诊断法。

一般情况都采用实用诊断技术来诊断机床的现时状态，只有对那些在实用诊断中提出疑难问题的机床才进行下一步的诊断，3 种诊断技术的综合应用才是最经济有效的方法。

下面对实用诊断技术中的问、看、听、触、嗅进行具体地讲解。

1. 问

就是询问机床故障发生的经过，弄清故障是突发的，还是渐发的。一般操作者熟知机床性能，故障发生时又在现场耳闻目睹，所提供的情况对故障的分析是很有帮助的。通常应询问下列情况：

（1）机床开动时有哪些异常现象。

（2）对比故障前后工件的精度和表面粗糙度，以便分析故障产生的原因。

（3）传动系统是否正常，出力是否均匀，背吃刀量和进给量是否减小等。

（4）润滑油品牌号是否符合规定，用量是否适当。

（5）机床何时进行过保养检修等。

2. 看

（1）看转速。观察主传动速度的变化，如带传动的线速度变慢，可能是传动带过松或负荷太大；对主传动系统中的齿轮，主要看是否存在跳动、摆动现象；对传动轴主要看是否弯曲或跳动。

（2）看颜色。如果机床转动部位，特别是主轴和轴承运转不正常，就会发热。长时间升温会使机床外表颜色发生变化，大多呈黄色。油箱里的油也会因温升过高而变稀，颜色改变；有时也会因久不换油、杂质过多或油变质而变成深黑色。

（3）看伤痕。机床零部件碰伤损坏部位很容易发现，若发现裂纹时，应做记号，隔一段时间后再比较它的变化情况，以便进行综合分析。

（4）看工件。从工件来判断机床的好坏。若车削后的工件表面粗糙度 Ra 数值大，主要是由于主轴与轴承之间的间隙过大，溜板、刀架等压板楔铁有松动以及滚珠丝杠预紧松动等原因所致。若是磨削后的表面粗糙度 Ra 数值大，这主要是由于主轴或砂轮动平衡差、机床出现共振以及工作台爬行等原因所引起的。若工件表面出现波纹，则看波纹数是否与机床传动齿轮的啮合频率相等，如果相等，则表明齿轮啮合不良是故障的主要原因。

（5）看变形。主要观察机床的传动轴、滚珠丝杠是否变形；直径大的带轮和齿轮的端面是否跳动。

（6）看油箱与冷却箱。主要观察油或切削液是否变质，确定其是否能继续使用。

3. 听

一般运行正常的机床，其声音具有一定的音律和节奏，并保持稳定。机械运动发出的正常声响大致可归纳为以下 3 种：

（1）一般做旋转运动的机件，在运转区间较小或处于封闭系统时，多发出平静的声音；若处于非封闭的系统或运行区间较大时，多发出较大的蜂鸣声；各种大型机床则产生低沉而振动声浪很大的声音。

（2）正常运行的齿轮副，一般在低速下无明显的声响；链轮和齿条传动副一般发出平稳的声音；直线往复运动的机件，一般发出周期性的"咯噔"声；常见的凸轮顶杆机构、曲柄连杆机构和摆动摇杆机构等，通常都发出周期性的"嘀嗒"声；多数轴承副一般无明显的声响，借助传感器（通常用金属杆或螺钉旋具）可听到较为清晰的"嘤嘤"声。

（3）各种介质的传输设备产生的输送声，一般均随传输介质的特性而异。如气体介质多为"呼呼"声；流体介质为"哗哗"声；固体介质发出"沙沙"声或"呵罗呵罗"声响。

4. 触

用手感来判断机床的故障，通常有以下几方面：

（1）温升。人的手指触觉很灵敏，能相当可靠地判断各种异常的温升，其误差可准确到 3 ~ 5 ℃。根据经验，可得出表 2.4 所列的结论。

表 2.4　手触摸机床感受温度的结论

机床的温度	手触摸时的感觉
0 ℃ 左右	手指感觉冰凉，长时间触摸会产生刺骨的痛觉
10 ℃ 左右	手感较凉，但可忍受
20 ℃ 左右	手感到稍凉，随着接触时间延长，手感稍温
30 ℃ 左右	手感微温有舒适感
40 ℃ 左右	手感如触摸高烧病人
50 ℃ 左右	手感较烫，触摸时间较长掌心有汗感
60 ℃ 左右	手感很烫，但可忍受 10 s 左右
70 ℃ 左右	手有灼痛感，且手的接触部位很快出现红色
80 ℃ 左右	瞬时接触手感"火辣火烧"，时间过长会烫伤手指

应当注意的是，为了防止手指烫伤，一般先用右手并拢的食指、中指和无名指指背中节部位轻轻触及机件表面，断定对皮肤无损害后，才可用手指肚或手掌触摸。

（2）振动。轻微振动可用手感鉴别，至于振动的大小可找一个固定基点，用一只手去触摸便可以比较出振动的大小。

（3）伤痕和波纹。用手指去摸可很容易地感觉出来肉眼看不清的伤痕和波纹。正确的方法是：对圆形零件要沿切向和轴向分别去摸；对平面则要左右、前后均匀地摸。摸时不能用力太大，只轻轻把手指放在被检查面上接触便可。

（4）爬行。用手摸可直观地感觉出爬行现象。造成爬行的原因很多，常见的是润滑油不足或选择不当；活塞密封过紧或磨损造成机械摩擦阻力加大；液压系统进入空气或压力不足等。

（5）松或紧。用手转动主轴或摇动手轮，即可感到接触部位的松紧是否均匀适当，从而可判断出这些部位是否完好可用。

5. 嗅

当剧烈摩擦或电器元件绝缘破损短路发生时，使附着的油脂或其他可燃物质发生氧化蒸发或燃烧产生油烟气、焦煳气等异味，通过嗅觉诊断可比较准确地判断故障。

2.2 主传动系统机械故障及排除方法

它承受主切削力，其功率大小与回转速度直接影响着机床的加工效率。数控机床主传动系统主要包括主轴箱、主轴部件和主轴电动机。

2.2.1 主轴部件结构与性能

数控机床的主轴部件是机床各部件中的重要部件之一，其结构及工作性能直接影响加工精度、加工质量、生产率及刀具的寿命。主轴部件在主轴箱内，由主轴、主轴支承、工件或刀具自动松夹机构、主轴定向准停机械等组成。对于标准型号的数控机床，主轴箱内还有齿轮或带轮组成的自动变速机构，与无级调速的主轴伺服电动机配合达到扩大变速范围的目的。主轴系统结构如图 2.1 所示。

1. 主 轴

数控车床主轴的两端安装着结构笨重的动力卡盘和夹紧液压缸，所以其刚度必须进一步提高，并应设计合理的连接端，以改善动力卡盘与主轴端的连接刚度。

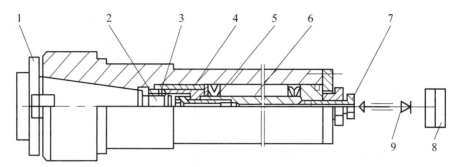

图 2.1 主轴系统结构图

1—刀具；2—拉钉；3—钢球；4—锥套；5—蝶簧；6—拉杆；7—空心螺钉；8—液压缸；9—顶杆

2. 主轴支承

（1）主轴轴承的配置。

每一个传动轴均要轴向、径向定位，合理配置主轴的轴承，对提高主轴部件的精度和刚度，降低支承温升，简化支承结构有很大的作用。主轴的前后支承均应配置承受径向载荷的轴承和承受轴向力的推力轴承，这主要根据主轴部件的工作精度、刚度、温升和支承结构的复杂程度等因素考虑。按推力轴承位置不同，可有如图 2.2 所示常见的几种配置形式。

图 2.2（a）所示为后端定位。推力轴承装在后支承的两侧，轴向载荷由后支承承受，这种形式的配置对于细长主轴承受轴向力后可能引起横向弯曲，同时主轴单变形向前伸长，影响加工精度。但这种配置能简化前支承的结构，多用于普通精度机床的主轴部件。

图 2.2（b）所示为两端定位。推力轴承分别装在前、后支承的外侧，轴承的轴向间隙可以在后端进行调整。但是主轴热伸长后，会改变支承的轴向或径向间隙，影响加工精度。这种配置方案一般用于较短或能自动预紧的主轴部件。

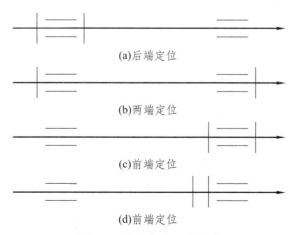

(a)后端定位

(b)两端定位

(c)前端定位

(d)前端定位

图 2.2 主轴支承配置形式

图 2.2（c）和图 2.2（d）所示为前端定位。推力轴承装在前支承，刚度较高，主轴部件热伸长向后，不致影响加工精度。图 2.2（c）所示的推力轴承装在前支承的两

侧，会使主轴的悬伸长度增加，影响主轴的刚度；图 2.2（d）所示为两个推力轴承都装在前支承的内侧，这种配置，主轴的悬伸长度小，但是前支承较复杂，一般高速精密机床的主轴部件都采用这种配置方案。

（2）常用滚动轴承的类型。

轴承的性能不但影响主轴组件的旋转精度，而且精度越高，各滚动体受力越均匀，有利于提高刚度和抗振性，减少数控机床的机械磨损，提高寿命。数控机床主轴用的轴承，主要有滚动和滑动两大类。数控机床的主轴多数采用滚动轴承，其中特别多用角接触球滚动轴承和圆锥滚子轴承，如图 2.3 所示。线接触的圆锥滚子轴承比点接触的角接触球滚动轴承刚度高，但一定温度下，线接触的圆锥滚子轴承允许的转速较低。二者因为可以同时承受轴向力和径向力，结构简单，装调维护方便，在数控机床上被广泛应用。

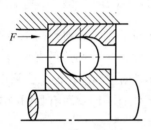
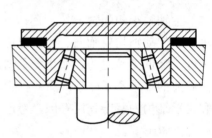

（a）角接触球滚动轴承　　　　　　　　　（b）圆锥滚子轴承

图 2.3　主轴部件常用滚动轴承的类型

在主轴的机构上，要处理好卡盘和刀架的装夹、主轴的卸荷、主轴轴承的定位和间隙调整、主轴部件的润滑和密封以及工艺上的其他一系列问题。为了尽可能减少主轴部件温升热变形对机床工作精度的影响，通常利用润滑油循环系统把主轴部件的热量带走，使主轴部件与箱体保持恒定的温度。在某些数控镗床、铣床上采用专用的制冷装置，比较理想地实现了温度控制。近年来，某些数控机床的主轴轴承采用高级油脂，用封入方式进行润滑，每加一次油脂可以使用 7 ~ 10 年。为了使润滑油和油脂不致混合，通常采用迷宫密封方式。

3. 主轴卡盘

为了减少辅助时间和劳动强度，并适应自动化和半自动化加工的需要，数控机床多采用动力卡盘装夹工件。目前使用最多的是自动定心液压动力卡盘，该卡盘主要由引油导套、液压缸和卡盘 3 部分组成。

4. 拉刀机构及吹净机构

在某些带有刀具库的数控机床中，主轴部件除具有较高的精度和刚度以外，内部还带有拉刀机构和主轴孔内的切削吹净装置。这主要是因为主轴内锥面的吹净是换刀操作中的一个不容忽视的问题。如果在主轴锥孔中掉进了切屑或其他污物，再拉紧刀具时，主轴锥孔表面和刀杆的锥柄就会被划伤，使刀杆发生偏斜，破坏刀具的正确定位，影响加工零件的精度，甚至使零件报废。主轴锥孔的清洁常用压缩空气，将锥孔清理干净，并将喷射小孔设计成合理的喷射角度，且均匀分布，以提高吹屑的效果。

5. 主轴准停装置

自动换刀数控机床的主轴部件设有准停装置，其作用是使主轴每次都准确地停止在固定不变的轴向位置上，以保证换刀时主轴上的端面键能对准刀具上的键槽，同时使每次装刀时刀具与主轴的相对位置不变，以提高刀具的重复安装精度。

主轴准停用于刀具交换、精镗退刀及齿轮换挡等场合，有 3 种实现方式：

（1）机械准停控制。由带 V 形槽的定位盘和定位用的液压缸配合动作。

（2）磁性传感器的电气准停控制。图 2.4 所示为机床主轴采用的磁性传感器准停装置。发磁体安装在主轴后端，磁传感器安装在主轴箱上，其安装位置决定了主轴的准停点，发磁体和磁传感器之间的间隙为（1.5±0.5）mm。

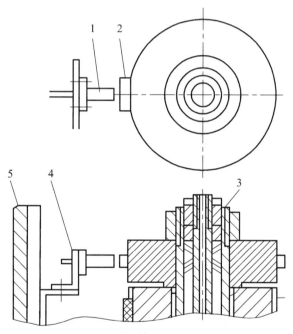

图 2.4　磁性传感器主轴准停装置

1—磁传感器；2—发磁体；3—主轴；4—支架；5—主轴箱

（3）编码器型的准停控制。通过主轴电动机内置安装或在机床主轴上直接安装一个光电编码器来实现准停控制，准停角度可任意设定。

2.2.2　主轴部件常见故障及排除方法

主轴部件的常见故障及排除方法如表 2.5 所示。

表 2.5　主轴部件的常见故障及排除方法

序号	故障现象	故障原因	排除方法
1	主轴不转动	主轴转动指令未输出	电气人员检查处理
		保护开关没有压合或失灵	检修压合开关或更换
		卡盘未夹紧工件	调整或修理卡盘
		变挡复合开关损坏	更换复合开关
		主轴中的拉杆未拉紧夹持刀具的拉钉	拉紧夹持刀具的拉钉
		变挡电磁阀体内泄漏	更换电磁阀
		主轴与电动机连接皮带过松	皮带表面有油造成打滑,用汽油清洗;皮带使用太久而失效应更换
2	主轴发热	主轴前后轴承损伤或轴承不清洁	更换坏轴承,清除脏物
		主轴前端盖与主轴箱体压盖研伤	修磨主轴前端使其压紧主轴前轴承,轴承与后盖有 0.02～0.05 mm 间隙
		轴承润滑油脂耗尽或润滑油脂涂抹过多	涂抹润滑油脂,每个轴承 3 mL
3	主轴无变速	变挡复合开关失灵	更换新开关
		压力是否足够	检查并调整工作压力
		变挡液压缸窜油或内泄	更换密封圈
		变挡电磁阀卡死	检修并清洗电磁阀
		变挡液压缸拨叉脱落	修复或更换
		变挡液压缸研损或卡死	修去毛刺和研伤,清洗后重装
		电气变挡信号是否输出	电气人员检查处理
4	主轴转动时振动或噪声大	缺少润滑	改善润滑条件,保证每个轴承涂抹润滑脂量不得超过 3 mL
		主轴箱与床身连接螺钉松动	紧固螺钉
		轴承拉毛或损坏	更换轴承
		小带轮与大带轮传动平衡情况不佳	带轮上的动平衡块脱落,重新进行动平衡
		主轴与电动机连接皮带过紧	移动电动机座,使皮带松紧度合适
		齿轮啮合间隙不均匀或齿轮损坏	调整啮合间隙或更换新齿轮
		传动轴承损坏或传动轴弯曲	修复或更换轴承,校直传动轴
5	主轴不定向或定向位置不准确	主轴不定向	检修或更换脉冲传感器
		主轴停在不正确的位置上	这种故障多发生在重装或更换传感器后,通过设定数据多次调整,确保定位公差在 10°～11°

序号	故障现象	故障原因	排除方法
6	主轴箱不能移动	机床坐标轴上的联轴器松动	拧紧紧固螺钉
		主轴箱导轨面研伤	用细砂布修磨导轨面研伤处伤痕
		主轴箱镶条上的止螺钉松动	顺时针旋转镶条螺钉,直到坐标轴能灵活移动而塞尺不能进入刚好,锁紧止螺钉
		压板研伤	调整压板与导轨的间隙,保证间隙为 0.02～0.03 mm
7	刀具不能夹紧	碟形弹簧位移量较小	调整蝶形弹簧行程长度
		检查刀具松夹弹簧上的螺母是否松动	顺时针旋转松夹刀弹簧上的螺母使其最大工作载荷为 13 kN
8	刀具夹紧后不能松开	松刀弹簧压合过紧	逆时针旋转松夹刀弹簧上的螺母使其最大工作载荷为 13 kN
		液压缸压力和行程不够	调整液压力和活塞行程开关位置

2.2.3　主轴部件故障诊断及维修实例

案例 1:主轴噪声大

故障现象:SIEMENS 802D 型加工中心开机后主轴噪声较大,主轴空载情况下,载荷表指示超过 40%。

故障分析:考虑到主轴载荷在空载时已经达到 40% 以上,初步认为机床机械传动系统存在故障。维修的第一步是脱开主轴电动机与主轴的连接机构,在无载荷的情况下检查主轴电动机的运转情况。经试验,发现主轴载荷表指示已恢复正常,但主轴电动机仍有噪声,继续检查主轴机械传动系统,发现主轴转动明显过紧,进一步检查发现主轴轴承已经损坏。

故障排除:更换已经损坏的主轴轴承,主轴机械传动系统恢复正常,噪声消失。

小结:机床出现故障的原因可能不止一个,主轴的噪声过大往往由润滑、载荷、机械磨损等共同作用而成,要想彻底消除这类故障,就必须每一个原因都检查到。

案例 2:主轴高速旋转时发热严重

故障现象:FANUC 0i 型数控铣床在加工零件时,主轴高速旋转时发热严重,中低速旋转时温度正常。

故障分析:电主轴运转中的发热和温升主要有两个主要热源导致:一是主轴轴承;二是内置式主电动机。主轴轴承是电主轴的核心支承。当前高速电主轴大多数采用角接触陶瓷球轴承，合理的预紧力、良好而充分的润滑是保证主轴正常运转的必要条件。采用油雾润滑，雾化发生器进气压为 0.25～0.3 MPa，选用 20 号透平油，滴油速度控制在 80～100 滴/分。润滑油雾在充分润滑轴承的同时，还带走了大量的热量。前、后轴承的润滑油分配是非常重要的问题，必须严格加以控制。进气口截面大于前、后喷油口截面的总和，排气应顺畅，各喷油小孔的喷射方向与轴线成150°，使油雾直接喷入轴承工作区。

故障排除：采用循环冷却结构，分为外循环和内循环两种，冷却介质可以是水或油，使电动机与前、后轴承都能得到充分冷却。

小结：电主轴最突出的问题是内置式主电动机的发热。由于电主轴的运转速度高，主轴电动机旁边就是主轴轴承，如果主电动机的散热问题解决不好，就会影响机床工作的可靠性，因此对主轴轴承的动态、热态性能有严格要求。

案例 3：主轴定位不良引发换刀故障

故障现象：SIEMENS 802D 型加工中心的主轴定位不良，引发换刀过程发生中断。开始时出现的次数不多，重新开机后又能工作，但故障反复出现。

故障分析：出现故障后，对机床进行仔细观察，发现故障的真正原因是主轴在定向后发生位置偏移，且主轴在定位后如碰触一下（和工作中在换刀时，刀具插入主轴的情况相似），主轴会产生相反方向的漂移，检查电气单元无任何报警。该机床采用编码器定位，从故障的现象和可能发生的部位分析，电气部分出现故障的可能性比较小。因此从机械部分分析，而机械部分最容易出问题的是连接，所以决定检查连接。在检查到编码器的连接时发现编码器连接套的紧定螺钉松动，使连接套后退造成与主轴的连接部分间隙过大，导致旋转不同步。

故障排除：将紧定螺钉按要求固定好后，故障排除。

小结：发生主轴定位方面的故障时，应根据机床的具体结构进行分析处理，先检查电气部分，在确认正常后再考虑机械部分。

案例 4：主轴定位点不稳定

故障现象：SIEMENS 802S 型加工中心在调试时，出现主轴定位点不稳定的故障，可以在任意时刻进行主轴定位，定位动作正确；机床关机后，再次开机执行主轴定位，主轴可以在任意位置定位。定位位置与关机前不同，在完成定位后，只要不关机，以后每次定位总是保持在该位置不变。

故障分析：根据故障现象，首先测量不同状态下的驱动器输入/输出电压，并无异常。考虑到主轴可以定位，只是定位不准，判断此故障是由于负责定位编码器的"零位脉冲"不固定引起的。引起"零位脉冲"不固定的原因有：编码器固定不良，在旋转过程中编码器与主轴的相对位置不断变化；编码器不良，无"零位脉冲"输出或"零位脉冲"受到干扰；编码器连接错误。根据以上可能的原因，逐一检查，排除了编码器固定不良、编码器不良的原因。进一步检查编码器的连接，发现该编码器内部的"零位脉冲"引出线接反。

故障排除：重新连接引出线后，故障排除。

小结：编码器是一种将旋转位移转换成一串数字脉冲信号的旋转式传感器，这些脉冲能用来控制角位移，如果凭经验将编码器与齿条或螺旋丝杠结合在一起，也可用于测量直线位移。其出现的故障很有特点，定位的随机性很强。

2.3　进给传动系统机械故障及排除方法

数控机床的进给机械传动结构是伺服系统的重要组成部分。它将伺服电动机的旋转运动或直线伺服电动机的直线运动通过机械传动结构转化为执行元件的直线或回转运动。滚珠丝杠螺母副和导轨副是数控机床进给系统中的典型机械部件，具有高灵敏度和低摩擦阻力等特点。

2.3.1　进给传动系统典型机械部件

1．滚珠丝杠螺母副

滚珠丝杠螺母副是数控机床进给传动系统的主要传动装置，它将伺服电机的旋转运动转换为工作台的直线运动。滚珠丝杠螺母副由螺母、丝杠和循环滚珠组成，如图2.5 所示。

图 2.5　滚珠丝杠螺母副结构

在丝杠和螺母上加工有弧形螺旋槽。两者套装后形成了螺旋滚道，整个滚道内装满滚珠。当丝杠相对于螺母旋转时，两者发生轴向位移，而滚珠则沿着滚道滚动，并沿返回滚道返回。按照滚珠的返回方式，滚珠丝杠螺母副可分为外循环和内循环两大类。

与普通丝杠螺母副相比，滚珠丝杠螺母副具有以下优点：

（1）摩擦损失小。传动效率高滚珠丝杠螺母副的摩擦因数小仅为 0.002 ~ 0.005；传动效率 $\eta = 0.92 \sim 0.96$，比普通丝杠螺母副高 3 ~ 4 倍；功率消耗只相当于普丝杠传的 1/4 ~ 1/3，发热小，可实现高速运动。

（2）运动平稳无爬行。由于摩擦阻力小，动、静摩擦力之差极小，故运动平稳，不易出现爬行现象。

（3）可预紧。反向时无空行程，滚珠丝杠副经预紧后，可消除轴向间隙，因而无反向死区，同时也提高了传动刚度和传动精度。

（4）磨损小，精度保持性好，使用寿命长。

（5）具有运动的可逆性。由于摩擦系数小、不自锁，因而不仅可以将旋转运动转换成直线运动，也可将直线运动转换成旋转运动，即丝杠和螺母均可作主动件或从动件。

滚珠丝杠副的缺点：

（1）结构复杂。丝杠和螺母等元件的加工精度和表面质量要求高，故制造成本高。

（2）不能自锁。特别是在用作垂直安装的滚珠丝杠传动，会因部件的自重而自动下降。当向下驱动部件时，由于部件的自重和惯性，当传动切断时，不能立即停止运动，必须增加制动装置。一般都是再加一套蜗轮蜗杆之类的自锁装置。

由于滚珠丝杠螺母副优点显著，所以被广泛应用在数控机床上。

2. 滚珠丝杠的调节

滚珠丝杠必须与导轨完全平行，否则，整个运动装置就会处于过定位状态，并出现摩擦或阻滞现象。调整时，丝杠必须与导轨在两个方向上平行。操作过程中可使用量块、测量杆、水平仪或百分表等工具进行测量，但测量工具的选择取决于设备的结构以及丝杠和导轨的安装位置。在检测导轨与轴线的平行度误差时，可采用图 2.6 所示的方法。利用垫铁在导轨上移动，千分表装于垫铁上，在丝杠轴孔内插入检验芯轴，使千分表测头在芯轴的上母线或侧母线上检测轴线与导轨平面的平行度误差。

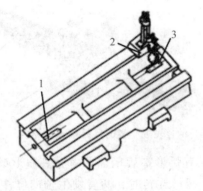

图 2.6　丝杠轴线与导轨的平行度误差检测

1，3—检验芯轴；2—千分表垫铁

丝杠只能沿一个方向（水平方向）进行调整，而另一方向（垂直）则必须用垫片来进行调节。因此，为了使两根轴承座具有相同的高度，调节时可以在低的轴承座下塞入一些不同厚度的垫片，这些垫片可以由薄的黄铜片组成。黄铜片的厚度从十分之几到百分之几毫米，根据高度差，可以使用一片或多片垫片。黄铜垫片在塞入前应当先剪成适当的形状，也可由多层黄铜片压在一起组成。

3. 数控机床导轨传动副

（1）导轨的作用及类型。

导轨主要用来支承和引导运动部件沿一定的轨道运动。在导轨副中，运动的一方叫运动导轨，不动的一方叫作支承导轨。运动导轨相对于支承导轨的运动，通常是直线运动或回转运动。数控机床上常用的导轨，按其接触面间摩擦性质的不同，可分为滑动导轨、滚动导轨和静压导轨 3 大类。

滑动导轨具有结构简单、制造方便、刚度好、抗振性强等优点，但灵敏度不高，摩擦阻力较大，磨损较大，精度保持性较差，且其动静摩擦相差大，运动不均匀，尤其是在低速移动时，易出现爬行现象。为防止低速爬行现象，提高导轨的耐磨性，目前数控机床多采用塑料滑动导轨。塑料滑动导轨又可分为贴塑导轨和注塑导轨两种。

滚动导轨是在导轨工作面间放入滚珠、滚柱或滚针等滚动体，使导轨面间的摩擦变为滚动摩擦。滚动导轨摩擦系数小（$f = 0.0025 \sim 0.005$），动、静摩擦因数很接近，且几乎不受运动速度变化的影响。因而运动轻便灵活，所需驱动功率小；摩擦发热少，磨损小，精度保持性好；低速运动时，不易出现爬行现象，定位精度高；滚动导轨可以预紧，显著提高了刚度。滚动导轨很适合用于要求移动部件运动平稳、灵敏，以及实现精密定位的场合，在数控机床上得到了广泛的应用。滚动导轨的缺点是结构较复杂，制造较困难，因而成本较高。此外，滚动导轨对脏物较敏感，必须要有良好的防护装置。

静压导轨是将具有一定压力的润滑油或气体，经节流器输入到导轨面上的型腔内，形成承载油膜或气体膜，使导轨面之间处于纯液体或气体摩擦状态。静压导轨的优点是摩擦系数极小，抗振性好；缺点是导轨自身结构比较复杂，需要一套专用供油或供气系统，对润滑油或气体的清洁程度要求很高。它主要应用于精密机床的进给运动和低速运动导轨。

（2）导轨副装配后的几何精度检测。

① 导轨装配精度要求。

无论在空载或负载状态下导轨都应有足够的导向精度。导向精度是指机床的运动部件沿导轨移动时的直线性和与有关基面之间相互位置的准确性。影响导轨精度的主要因素有导轨的几何精度、导轨的接触精度、导轨的结构形式、动导轨及支承导轨的刚度和热变形、装配质量等。导轨的几何精度综合反映在静止或低速下的导向精度上。直线运动导轨的检验内容有导轨在垂直平面内的直线度、导轨在水平面内的直线度以及两导轨的平行度。

② 导轨副几何精度检测。

导轨直线度误差常用的检测方法有研点法、平尺拉表比较法、垫塞法、拉钢丝检测法和水平仪检测法、光学自准直仪检测法等。短导轨在垂直面内和水平面内的直线度误差常采用平尺拉表比较法来检测，如图 2.7 所示。

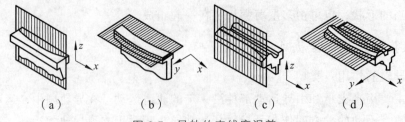

（a）　　　　　　（b）　　　　　　（c）　　　　　　（d）

图 2.7　导轨的直线度误差

图 2.7（a）、（c）所示为导轨的水平面控制导轨在垂直面内的直线度误差；图 2.7（b）、（d）所示为导轨的两侧面控制导轨在水平面内的直线度误差。为了提高测量读数的稳定性，在被检导轨上移动的垫铁长度一般不超过 200 mm，且垫铁与导轨的接触面应与被检导轨进行配刮，使其接触良好，否则就会影响测量的准确性。

a. 垂直平面内直线度误差的检测方法。如图 2.8 所示，将平尺工作面放成水平，置于被检导轨的旁边，距离越近越好，以减小导轨扭曲对测量精度的影响。在导轨上放一个与导轨配刮好的垫铁，将千分表座固定于垫铁上，使千分表测头先后顶在平尺两端表面，调整平尺，使千分表在平尺两端表面的读数相等，然后移动垫铁。每隔200 mm 读千分表数值一次，千分表各读数的最大差值即为导轨全长内直线度的误差。在测量时，为了避免刮点的影响，使读数准确，最好在千分表测头下面垫一块量块。

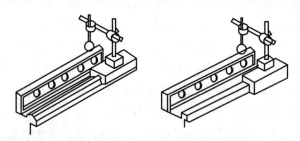

图 2.8　测量导轨在垂直平面内的直线度误差

b. 水平面内直线度误差的检测方法。如图 2.9 所示，将平尺的工作面侧放在被检导轨旁边，调整平尺，使千分表在平尺两端表面的读数相等，其测量方法和计算误差方法同上。

c. 导轨平行度误差检测方法。千分表检测导轨平行度误差是较常用的测量方法之一，如图 2.10 所示。全长内千分表指针的最大偏差即平行度误差。

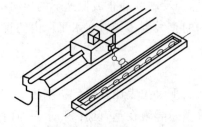
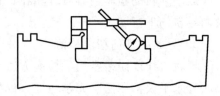

图 2.9　测量导轨在水平面内的直线度误差　　　图 2.10　千分表检测导轨平行度误差

2.3.2 进给部件常见故障及排除方法

1. 滚珠丝杠常见的机械故障

滚珠丝杠的常见机械故障及排除方法见表表 2.6。

表 2.6 滚珠丝杠的常见故障及排除方法

序号	故障现象	故障原因	排除方法
1	丝杠转动不灵活	紧固件松动	检查丝杠支承和床身连接是否松动并紧固
		丝杠支撑轴承磨损严重	更换新支承轴承
		滚珠丝杠传动副润滑不好或其间有杂物	保持丝杠支承轴承良好润滑,清洗滚珠丝杠上的旧油脂和杂物
		过度的负载等	避免过度的负载,调整丝杠轴向预加载荷;检测丝杠与伺服进给电机主轴的同轴度是否合格,最好使用柔性联轴器
2	噪声	丝杠支承轴承磨损严重	做好良好的润滑,更换新支承轴承
		丝杠与伺服进给电机主轴连接松动	调整丝杠与伺服进给电机主轴联轴器的锁紧螺钉
		滚珠丝杠传动副润滑不好或其间有杂物、滚珠磨损严重	做好润滑;更换新滚珠丝杠
3	轴向间隙过大	滚珠丝杠预紧螺母松动	检查调整丝杠的轴向间隙,调整轴承预紧螺母,使丝杠的轴向间隙在 0.01 mm 以内,保证传动精度。对于滚珠丝杠螺距的累积误差,通常采用间隙补偿的办法进行螺距补偿

2. 导轨副主要机械故障

导轨副主要的机械故障及排除方法见表表 2.7。

表 2.7 导轨副的常见故障及排除方法

序号	故障现象	故障原因	排除方法
1	导轨研伤	机床经长时间使用,地基与床身水平度有变化,使导轨局部单位面积负荷过大	定期进行床身导轨的水平度调整,或修复导轨精度
		长期加工短工件或承受过分集中的负荷,使导轨局部磨损严重	注意合理分布工件的安装位置,避免负荷过分集中
		导轨润滑不良	调整导轨润滑油量,保证良好润滑

序号	故障现象	故障原因	排除方法
1	导轨研伤	导轨材质不佳	采用电镀加热自冷淬火对导轨进行处理，导轨上增加锌铝铜合金板，以改善摩擦情况
		刮研质量不符合要求	提高刮研修复的质量
		机床维护不良，导轨里落入污物	加强机床保养，必须要有良好的防护装置、保护好导轨防护装置
2	导轨上移动部件运动不良、爬行或不能移动	导轨面研伤	用 180# 砂布修磨机床与导轨面上的研伤
		导轨压板研伤	卸下压板，调整压板与导轨间隙
		导轨镶条与导轨间隙太小，调得太紧	松开镶条防松螺钉，调整镶条螺栓，使运动部件运动灵活，保证 0.03 mm 的塞尺不得塞入，然后锁紧防松螺钉
3	加工面在接刀处不平	导轨直线度超差	调整或修刮导轨
		工作台镶条松动或镶条弯度太大	调整镶条间隙，镶条弯度在自然状态下小于 0.05 mm/全长
		机床水平度差，使导轨发生弯曲	调整机床安装水平度，保证平行度、垂直度在 0.02/1 000 之内

2.3.3 进给部件故障诊断及维修实例

案例 1：进给传动时出现滚珠丝杠副摩擦声

故障现象：FANUC 0i 型数控车床在加工时出现滚珠丝杠副摩擦声，并且发现声音都是伴随 Z 轴负方向运动出现，在正方向运动时几乎没有该声音。

故障分析：根据故障现象，首先检查润滑油的状况，发现润滑油状况良好，滚珠丝杠也很清洁。仔细分析发生单方向噪声，应该是出现了磨损所致。首先检查螺杆滚道，用供应商提供的空心套套在轴端，然后慢慢旋出螺母，查看螺母滚珠循环圈两端没有损伤，卸出滚珠，全面查看螺母内部滚道有两处细微长条形的损伤，故障原因在此。

故障排除：请专业技术人员对螺母内部滚道进行修补、研磨，重新安装调试，故障排除。如果仍然出现运行问题，则要更换滚道。

小结：由于此故障可能要拆卸设备，故应尽可能多地检查故障原因，在对滚道进行修理的同时，顺便也对滚珠进行查看，若有磨损、破损，则及时进行更换。

案例 2：Z 轴运行中抖动

故障现象：SIEMENS 802S 型数控铣床在 Z 轴运行时开始抖动，接着报警灯闪烁不停，机床停止运行，3 min 后死机。

故障原因：通过详细检查和分析，初步断定可能是 Z 轴运行过程中产生载荷，造成位置闭环振荡。查看加工参数和系统参数,并对比机床说明书,Z 轴加工受力均在可承载范围之内,因此继续检查机械部分。在检查到丝杠后发现,滚珠丝杠螺母的背帽松动,使传动出现间隙,当 Z 轴运动时,由于间隙造成的载荷扰动导致位置闭环振荡而出现抖动现象。

故障排除:紧好松动的背帽,调整好间隙,并对丝杠的镶条进行紧固。开机调试,没有再出现这种故障。

小结:机械加工的特点决定了机械传动出现间隙的可能性会不断增大。机械传动间隙主要是传动件间的间隙,包括滚动与滑动间隙。但一般情况下这些间隙是必须存在的,间隙的大小与工作的使用条件有关,间隙的保证主要依靠提高加工精度及装配精度。

案例 3:Y 轴丝杠反向间隙大

故障现象:FANUC 0i 型加工中心运行时,工作台 Y 轴方向位移接近行程终端过程中丝杠反向间隙明显增大,机床定位精度不合格。

故障原因:根据故障现象,分析故障部位应发生在 Y 轴伺服电动机与丝杠传动链一侧。故拆卸电动机与滚珠丝杠之间的弹性联轴器,用扳手转动滚珠丝杠进行手感检查。通过手感检查,发现工作台 Y 轴方向位移接近行程终端时,阻力明显增大,拆下工作台检查,发现 Y 轴导轨平行度严重超差,故而引起机械传动过程中阻力明显增大,滚珠丝杠弹性变形,反向间隙增大,机床定位精度不合格。

故障排除:经过认真修理、调整 Y 轴导轨平行度后,重新装好,故障排除。

小结:弹性变形的重要特征是其可逆性,即受力作用后产生变形,卸除载荷后,变形消失。由于本实例中滚珠丝杠的变形属于弹性变形,因此没有必要对滚珠丝杠进行更换,只需进行调整即可。

案例 4:行程终端出现机械振动

故障现象:FANUC 0i 型加工中心运行时,X 轴在接近行程终端的过程中产生明显的机械振动,其他轴向运行正常,在机械振动时也无报警信号出现。

故障原因:因故障发生时 CNC 无报警,且在 X 轴其他区域运动无振动,可以基本确定故障是由于机械传动系统不良引起的。为了进一步确认,维修时拆下伺服电动机与滚珠丝杠之间的弹性联轴器,单独进行电气系统的检查。检查结果表明,电动机运转时无振动现象,从而确认了故障出在机械传动部分。脱开弹性联轴器,用扳手转动滚珠丝杠,检查发现 X 轴方向工作台在接近行程终端时,阻力明显增大,证明滚珠丝杠或者导轨的安装与调整存在问题。拆下工作台检查,发现滚珠丝杠与导轨间不平行,使得运动过程中的载荷发生急剧变化,产生了机械振动现象。

故障排除:检修滚珠丝杠或者导轨的安装,排除故障。

小结:丝杠和导轨平行度对于机床平稳运行是很重要的,平行度超差会损伤开合螺母。丝杠螺母的间隙较大,丝杠为细长件,刚性较差,容易变形。装配时一般是校正丝杠两端与导轨的距离差控制在合理范围内,螺母能顺利无阻碍地通过就可以。如果用仪表测量，应在导轨上用杠杆百分表检测，左、右两组螺钉固定调整与导轨垂直面和水平面内的平行。

案例 5：传动系统定位精度不稳定

故障现象： FANUC 0i 型数控车床在加工过程中，坐标的重复定位精度不稳定，时大时小。

故障分析： 根据故障现象，首先检查润滑油，发现润滑油润滑状况正常，滚珠丝杠也很清洁。仔细观察在 Z 轴轴向移动时有时发出轻微噪声，可能是部件松动或者磨损所致。首先检查螺杆滚道，发现其传动系统机械装配有问题，由于丝杠螺母安装不正，造成运动部件的装配应力。

故障排除： 重新安装丝杠螺母，故障排除。

小结： 机床运动中，由于振动导致的部件松动，一般要求在月检中修复。某些常用设备如丝杠、刀架方面的问题，需在程序加工时注意观察，以便及时发现其故障源。

案例 6：机床导轨走走停停

故障现象： FANUC 0i 型数控车床在加工过程中，出现锯齿形状的外圆，无论是手动方式还是自动方式，走刀均出现打顿的现象，即刀具走走停停。

故障分析： 出现此故障，按照检修步骤，首先检查程序的插补方式、进给速度，未发现异常，而刀具也是新更换的。用万用表分别测量机床电源、刀架驱动电路，电压也很稳定。接着考虑是否是丝杠方面的原因，重点检查丝杠机械传动部件，发现滚珠丝杠螺母副存在较大的轴向间隙，并且润滑油已经干涸。

故障排除： 重新调整轴向间隙，并补足润滑油，适当调整预紧力，故障消除。

小结： 出现机床导轨走走停停的情况，一般原因不会出现在加工轴的伺服电动机上，伺服电动机过载时会产生抖动，电压出现问题时会导致运动无力。

2.4 辅助机械部件故障诊断及排除方法

数控机床辅助机械部件是数控机床更快捷、更高效、高精度完成工作任务的重要助手。本节主要介绍换刀装置和工作台的典型结构及性能，并对数控机床辅助机械部件中常见的故障进行诊断与排除。

2.4.1 辅助机械部件结构及性能

1. 换刀装置

为了进一步提高数控机床加工的高效率和高精度，工件在一台机床上经一次装夹后可完成多道甚至全部工序加工，需使用多把刀具，因此必须有自动换刀装置。自动换刀装置应满足换刀时间短、刀具重复定位精度高、刀具储存量足够、结构紧凑及安全可靠等要求。

各类数控机床的自动换刀装置的结构取决于机床的类型、工艺范围、使用刀具种类和数目。目前数控机床使用的自动换刀装置主要有转塔式自动换刀和刀库式自动换刀两种。

（1）转塔式自动换刀装置。

转塔式自动换刀装置又分回转刀架式和转塔头式两种，回转刀架式用于各种数控车床和车削中心机床。转塔头式多用于数控钻、镗、铣床。

① 回转刀架换刀装置。

回转刀架换刀是一种简单的自动换刀装置。在回转刀架各刀座安装或夹持各种不同用途的刀具，通过回转刀架的转位实现换刀。回转刀架可在回转轴径向和轴向安装刀具。回转刀架的工位数最多可达 20 余个，但常用的是 4、6、8、10、12 和 16 工位 6 种。工位数越多，刀间夹角越小，非加工位置刀具与工件相碰而产生干涉的可能性越大。在刀架布刀时要给予考虑，避免发生干涉现象。一般情况下，回转刀架的换刀动作包括刀架抬起、刀架转位及刀架压紧等。

回转刀架在结构上必须具有良好的强度和刚度，以承受粗加工时切削抗力和减小刀架在切削力作用下的位移变形，提高加工精度。回转刀架还要选择可靠的定位方案和定位结构，以保证回转刀架在每次转位之后具有高的重复定位精度。

② 转塔头式换刀。

在带有旋转刀具的数控镗铣床中，更换主轴头换刀是一种比较简单的换刀方式。这种主轴转塔头实际上就是一个转塔刀库，如图 2.11 所示，它有卧式和立式两种。通常用转塔的转位来更换主轴头，以实现自动换刀。在转塔的各个主轴头上，预先安装

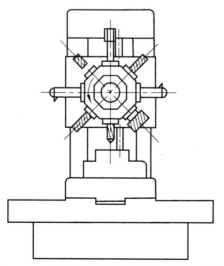

图 2.11　数控镗铣床的转塔头式换刀结构

有各工序所需要的旋转刀具，当发出换刀指令时，各主轴头依次转到加工位置，并接通主运动，使相应的主轴头带动刀具旋转。而其他处于非加工位置上的主轴头都与主运动脱开。

这种换刀装置的优点在于省去了自动松、夹、卸刀、装刀以及刀具搬运等一系列的复杂操作，从而缩短了换刀时间，并提高了换刀的可靠性。但由于空间位置的限制，使主轴部件结构不能设计得十分坚实，因而影响了主轴系统的刚度。为了保证主轴的刚度，必须限制主轴数目，否则将使结构尺寸大大增加。由于这些结构上的原因，因此转塔主轴头通常只适应于工序较少，精度要求不太高的机床。

（2）刀库式自动换刀装置。

刀库式自动换刀装置是由刀库和刀具交换机构组成，目前它是多工序数控机床上应用最广泛的换刀方法。刀库用来储存刀具，刀库可装在主轴箱上、工作台上或装在机床的其他部件上。选刀时，刀具交换机构根据数控指令从刀库中选出所指定的刀具，然后从刀库和主轴（或刀架）取出刀具，并进行交换；将新刀装入主轴（或刀架），把用过的旧刀放回刀库。在具有刀库的加工中心上，换刀方式又分为有机械手换刀和无机械手换刀两类。

① 无机械手的换刀系统。

换刀系统要实现的是刀库和主轴之间的刀具自动交换，即当加工中心运行中，需要某一刀具进行切削加工时，要把该刀具自动地从刀库交换到主轴上，切削完毕又将用过的切削刀具从主轴自动归还刀库。在无机械手换刀系统中，是通过刀库与主轴箱的相对运动来实现换刀。这就要求把刀库安置在主轴箱可以运动到的位置，或者整个刀库、某一刀位移动到主轴箱可达到的位置。刀库中刀具指向与主轴上装刀后刀具指向必须一致，在进行换刀时主轴运动到刀库的换刀位置，利用刀库动作对主轴进行刀具的装卸交换。无机械手换刀系统优点是结构简单，换刀可靠；缺点是刀库容量不大，换刀时间长。这种系统适合中小型加工中心采用。

② 有机械手的换刀系统。

有机械手的换刀系统是由刀库、机械手（有的加工中心还有运刀装置）配合共同完成刀具自动交换，也是在加工中心上用得最为普遍的换刀方式，比无机械手的换刀系统更灵活，其换刀时间可缩短至 2 s 以下。在诸多形式刀库中，盘式刀库用得最为普遍，其次为链式刀库。如图 2.12（a）所示为可装 24 把刀的带机械手的盘式刀库，图 2.12（b）所示为可装 32 把刀的带机械手的链式刀库。

2. 数控机床回转工作台

为了提高数控机床的生产效率，扩大工艺范围，数控机床除了 X、Y 和 Z 三个坐标轴的直线运动之外，往往还需要 X、Y 和 Z 三个坐标轴的圆周运动。数控机床回转工作台是完成以上任务的重要执行机械部件，其类型结构多样。如图 2.13（a）所示数控分度工作台和如图 2.13（b）所示回转工作台是各类数控机床、加工中心最常用的工作台装置，可分别以垂直或水平两种方式安装于机床床身上，与自动换刀装置配合使用，增强了数控机床加工的高效率、高精度、高柔性。

（a）盘式刀库　　　　　　　　　　　（b）链式刀库

图 2.12　加工中心常见刀库

（a）分度工作台　　　　　　　　　　（b）回转工作台

图 2.13　数控回转工作台

（1）数控分度工作台。

数控分度工作台功能是将工件转位换面，实现工件一次安装能完成几个面的多种工序。但数控分度工作台只能完成分度运动，不能实现圆周进给。它按照控制装置的信号或指令在数控机床需要分度时将工作台连同工件一起回转一定的角度。分度工作台一般只能回转规定的角度（如 90°、60° 和 45° 等）。

（2）数控回转工作台。

数控回转工作台主要用于闭环或半闭环的数控机床，特别是高性能的加工中心，例如数控镗铣加工中心。数控回转工作台外形和分度工作台几乎一样，但它采用伺服系统的驱动方式。它既可以完成工作台抬起、分度转位和定位锁紧，也可以完成工件的进给运动，或者与其他伺服进给轴联动完成工件的复杂切削运动。数控回转工作台按照数控装置的信号或指令做回转分度或连续回转进给运动，以使数控机床特别是数控加工中心能完成指定的加工工序，满足数控机床高效率和高精度的工作要求。

2.4.2 辅助机械部件常见故障及排除方法

数控机床辅助机械部件的故障主要是刀库、自动换刀装置、数控回转工作台等故障，下面介绍典型辅助机械部件的故障诊断与排除方法。

1. 自动换刀装置故障诊断与排除

加工中心刀库及自动换刀装置的故障通常有刀库运动故障、定位误差过大、机械手夹持刀柄不稳定和机械手运动误差过大等。这些故障最后都造成换刀动作卡滞，整机停止工作，机械维修人员对此要有足够的重视。

表 2.8 列出了自动换刀装置常见故障及排除方法。

表 2.8 自动换刀装置常见故障及排除方法

序号	故障现象	故障原因	排除方法
1	刀具不能夹紧	风泵气压不足	使风泵气压在额定范围内
		增压漏气	关紧增压
		刀具卡紧液压缸漏油	更换密封装置，使卡紧液压缸不漏油
		碟形弹簧位移量小	调整碟形弹簧行程的长度
		刀具松卡弹簧上的螺母松动	旋紧螺母使工作压力最大，工作负荷不超过 13 kN
2	刀具夹紧后不能松开	松锁刀的弹簧压力过紧	调节松锁刀弹簧上的螺钉，使其最大载荷不超过额定数值 13 kN
		液压力和活塞行程不够	调整液压力和活塞行程开关
3	刀套不能卡紧刀具	刀套上的调整螺母松动	顺时针旋转刀套两端的调整螺母，压紧弹簧，顶紧卡紧销
4	刀具从机械手中脱落	检查刀具质量	刀具质量不得超过规定值
		机械手卡紧销损坏或没有弹出来	更换卡紧销或弹簧
5	刀库不能旋转	连接电动机轴与蜗杆轴的联轴器松动	紧固联轴器上的螺钉
6	换刀时找不到刀	刀位编码用组合行程开关、接近开关等元件损坏、接触不好或灵敏度降低	更换损坏元件

序号	故障现象	故障原因	排除方法
7	刀具交换时掉刀	换刀时主轴箱没有回到换刀点或换刀点飘移	重新操作主轴箱运动,使其回到换刀点位置
		机械手抓刀时没有到位,就开始拔刀	调整机械手手臂使手臂抓紧刀柄再拔刀
8	机械手换刀速度过快或过慢	气动机械手气压太高或太低和换刀气阀节流开口太大或太小	调整气压大小和节流阀开口
9	转塔刀架没有抬起动作	控制系统是否有 T 指令输出信号	如未能输出,请电器人员排除
		抬起电磁铁断线或抬起阀杆卡死	修理或清除污物,更换电磁阀
		压力不够	检查油箱并重新调整压力
		抬起液压缸研损或密封圈损坏	修复研损部分或更换密封圈
		与转塔抬起连接的机械部分研损	修复研损部分或更换零件
10	转塔转位速度缓慢或不转位	检查是否有转位信号输出	检查转位继电器是否吸合
		转位电磁阀断线或阀杆卡死	修理或更换
		压力不够	检查是否液压故障,调整到额定压力
		转位速度节流阀是否卡死	清洗节流阀或更换
		液压泵研损卡死	检修或更换液压泵
		凸轮轴压盖过紧	调整调节螺钉
		抬起液压缸体与转塔平面产生摩擦、研损	松开连接盘进行转位试验,取下连接盘配磨平面轴承下的调整垫,并使相对间隙保持在 0.04 mm
		安装附具不配套	重新调整附具安装,减少转位冲击
11	转塔不到位	转位盘上的撞块与选位开关松动,使转塔到位时传输信号超前或滞后	拆下护罩,使转塔处于正位状态,重新调整撞块与选位开关的位置并紧固
		上下连接盘与中心轴花键间隙过大产生位移偏差大,落下时易碰牙顶引起不到位	重新调整连接盘与中心轴的位置;间隙过大可更换零件

序号	故障现象	故障原因	排除方法
11	转塔不到位	转位凸轮与转位盘间隙大	塞尺测试滚轮与凸轮,将凸轮调至中间位置,转塔左右窜量保持在两齿中间,确保落下时顺利咬合;转塔抬起时用手摆,摆动量不超过两齿的1/3
		凸轮在轴上窜动	调整并紧固固定转位凸轮的螺母
		转位凸轮轴的轴向预紧力过大或有机械干涉,使转塔不到位	重新调整预紧力,排除干涉
12	转塔转位时碰牙	抬起速度慢或抬起延时时间短	调整抬起延时参数,增加延时时间
13	转塔转位不停	两计数开关不同时计数或复位开关损坏	调整两个撞块位置及两个计数开关的计数延时,修复复位开关
		转塔上的 24 V 电源断线	接好电源线
14	转塔刀重复定位精度差	液压夹紧力不足	检查压力并调到额定值
		上下牙盘受冲击,定位松动	重新调整固定
		两牙盘间有污物或滚针脱落在牙盘中间	清除污物保持转塔清洁,检修更换滚针
		转塔落下夹紧时有机械干涉(如夹铁屑)	检查排除机械干涉
		夹紧液压缸拉毛或研损	检修拉毛研损部分,更换密封圈
		转塔坐落在二层滑板之上,由于压板和楔铁配合不牢产生运动偏大	修理调整压板和楔铁,使 0.04 mm 塞尺塞不进

2. 数控回转工作台故障诊断与排除

数控回转工作台的常见故障及排除方法见表 2.9。

表 2.9 数控回转工作台常见故障及排除方法

故障现象	故障原因	排除方法
工作台没有抬起动作	控制系统没有抬起信号输出	检查控制系统是否有抬起信号输出
	抬起液压阀卡住没有动作	修理或清除污物,更换液压阀
	液压压力不够	检查油箱内油是否充足,并重新调整压力
	抬起液压缸研损或密封损坏	修复研损部位或更换密封圈
	与工作台相连接的机械部分研损	修复研损部位或更换零件

故障现象	故障原因	排除方法
工作台不转位	控制系统没有转位信号输出	检查控制系统是否有转位信号输出
	与电动机或齿轮相连的紧套松动	检查紧套连接情况，拧紧紧套压紧螺钉
	液压转台的转位液压缸研损或密封损坏	修复研损部位或更换密封圈
	液压转台的转位液压阀卡住没有动作	修理或清除污物，更换液压阀
	工作台支承面回转轴及轴承等机械部分研损	修复研损部位或更换新的轴承
工作台转位分度不到位，发生顶齿或错齿	控制系统输入的脉冲数不够	检查系统输入的脉冲数
	机械转动系统间隙太大	调整机械转动系统间隙，轴向移动蜗杆，或更换齿轮、锁紧套等
	液压转台的转位液压缸研损，未转到位	修复研损部位
	转位液压缸前端的缓冲装置失效，挡铁松动	修复缓冲装置，拧紧死挡铁螺母
工作台不夹紧，定位精度差	控制系统没有输入工作台夹紧信号	检查控制系统是否有夹紧信号输出
	夹紧液压阀卡住没有动作	修理或清除污物，更换液压阀
	液压压力不够	检查油箱内油是否充足，并重新调整压力
	与工作台相连接的机械部分研损	修复研损部位或更换零件
	上下齿盘受到冲击松动，两齿牙盘间有污物，影响定位精度	重新调整固定

2.4.3 辅助机械部件故障诊断及维修实例

案例 1：机械手换刀过程中主轴不松刀

故障现象：SIEMENS 802S 型加工中心采用凸轮机械手安刀，在安刀过程中，主轴不松刀，导致无法换刀。

故障原因：根据报警内容，机床无法执行下一步"从主轴和刀库中拔出刀具"，而主轴系统不松刀的原因可能有：

（1）刀具尾部拉钉的长度不够，致使液压缸虽已运动到位，而仍未将刀具顶"松"。

（2）拉杆尾部空心螺钉位置起了变化，使液压缸行程满足不了"松刀"的要求。

（3）顶杆已变形或磨损。

（4）弹簧卡头出故障，不能张开。

（5）主轴装配调整时，刀具移动量调得太小，致使在使用过程中的一些综合因素导致不能满足"松刀"条件。

按照以上原因一步步分析，最终发现顶杆由于长时间使用发生了弯曲，与之相关联的操作发生故障，且弹簧卡头也时常不能张开。

故障排除：更换新的顶杆和弹簧卡头，经过几次调试之后，机械手恢复了正常。

小结：以凸轮为驱动机构的凸轮式机械手具有结构简单、动作平稳、定位准确、工作节奏快、故障率低、成本低、使用寿命长等优点，简化了机器的控制系统，降低了机器的设计与制造成本。在机械手的应用实践中，其用户设定的柔性不是很高，动力输入轴的轴线与机械手臂运动平面之间的夹角不可由用户根据具体布局需要选择，这也是凸轮机械手会出现顶杆弯曲的原因。

案例 2：刀架锁紧不能再次旋转

故障现象：FANUC 0i 型数控车床不能重复换刀，用手转动刀架内的蜗杆，第一次可以转动刀架。但是锁紧后再次转动刀架就转不动了，在第一次换刀过程中出现振动并伴随金属摩擦声。

故障分析：由于刀架出现振动和金属摩擦声，判断可能是轴承的机械磨损。把刀架拆开发现，其轴承有多处磨损，并且有拉毛的现象，刀架内已经没有润滑油。

故障排除：如果技术允许，对刀架进行技术修复，对轴承进行研磨，逐步调试。如果轴承磨损严重，则重新更换刀架，并添加足量的润滑油。

小结：机械加工中磨损不可避免，两相互接触产生相对运动的表面之间摩擦将产生机件运动的摩擦阻力。使机械产生磨损。机械磨损分为黏着磨损、磨料磨损、表面疲劳磨损、腐蚀磨损等。此台机床中刀架上没有润滑油，明显是平常的巡检、保养不到位造成的。

案例 3：数控系统发出换刀指令，但刀库不动作

故障现象：FANUC OTC 型加工中心数控系统发出换刀指令，但刀库不动作。

故障原因：由于此加工中心采用斗笠式气动刀库，因此先检查机床的操作模式，没有发生异常操作，机床也没有被锁住状态，再查看程序中的指令也正确无误。故检查数控机床的压缩空气，对照气压表和机床说明书检查空气的气压值是否在规定范围内，得知此机床的压缩空气理论压力应在 0.5 ~ 0.6 MPa，而实际的压缩空气压力只有 0.2 ~ 0.3 MPa，故障原因为刀库在换刀过程中压缩空气压力不够。

故障排除：检查是否存在空气泄漏的地方，对照压力表将压力调到 0.5 ~ 0.6 MPa，故障得到排除。

小结：压缩空气是一种重要的动力源。大气中的空气常压为 0.1 MPa，经过机床的空气压缩机加压后达到额定的工作压力。与其他能源相比，它清晰透明，输送方便，没有特殊的有害性能，没有起火危险，不怕超载荷，能在许多不利环境下工作，且空气资源丰富取用方便。

案例 4：刀库移动到换刀位置后停止动作

故障现象：SIEMENS 802D 型加工中心刀库移动到主轴中心位置，但不进行接下来的动作。

故障原因：刀库可以正常移动，故刀库的机械部分应该正常。接着检查刀库到主轴侧的传感器，传感器状态及信号也都正常。在主轴下降到位后能听到"咔咔"的声响，检查主轴刀具是否夹紧，发现刀具很松，用手就能晃动，通过压力表查看，此时主轴的压力也未达到要求。仔细观察主轴，发现主轴上黏附了很多的铁屑，卸下刀具后发现主轴的内壁也黏附了铁屑，故障由此产生。

故障排除：彻底清理刀库和主轴上的铁屑，主轴的抓刀功能恢复，刀库也能正常运动。

小结：机械加工产生的铁屑不进行处理就会成为加工的危险源，铁屑会导致主轴无法抓刀、刀架无法正常旋转，如果铁屑进入机床内部，也容易导致线路或主板短路，因此，在一个工作班组结束任务之后必须将机床清扫干净。

案例 5：回转工作台不落入定位盘内

故障现象：SIEMENS 802D 型加工中心机床使用过程中，回转工作台经常在分度后不能落入鼠牙定位盘内，机床停止执行后续命令。

故障原因：回转工作台在分度后不能落入鼠牙定位盘内，发生顶齿现象，是因为工作台分度不准确所致。工作台分度不准确的原因可能有电气问题和机械问题。首先检查机床电动机和电气控制部分（因此项检查较为容易）。机床电气部分正常，则问题出在机械部分，可能是伺服电动机至回转台传动链间隙过大或转动累计间隙过大所致。拆下传动箱，发现齿轮、蜗轮与轴键连接间隙过大，齿轮啮合间隙超差过多。

故障排除：经更换齿轮、重新组装，然后精调回转工作台定位块和伺服增益可调电位器后，故障排除。

小结：鼠牙盘式分度工作台主要由工作台、夹紧油缸及鼠牙盘等零件组成，其端面齿能确保加工中心、数控车床转塔刀架等多工序自动数控机床和其他分度设备的运行精度。

案例 6：工作台不能移动

故障现象：SIEMENS 840D 型加工中心的工作台不能移动。

故障原因：工作台不能移动，一般有以下原因。

（1）信号线松动，导致工作台的动作信号没有从数控系统送达工作台驱动系统。

（2）检测的行程开关没有动作或动作迟缓。

（3）触发检测的信号体没有动作。

（4）工作台机械部分卡住，无法移动。

对照以上原因逐步排查，发现是控制工作台移动的行程开关损坏，无论是否有工作信号，均保持断开状态。

故障排除：更换该行程开关后，故障排除。

小结：行程开关主要用于将机械位移转变成电信号，使电动机的运行状态得以改变，从而控制机械动作或用作程序控制。机床除了工作台之外，其他部位也有很多这样的行程开关，用以控制工件运动或自动进刀的行程，避免发生碰撞事故，有时利用行程开关使被控物体在规定的两个位置之间自动换向，从而实现往复运动。

2.5 液压与气压系统故障诊断及排除方法

2.5.1 液压与气压传动系统原理

1. 液压传动系统原理

液压传动系统在数控机床机械控制与系统调整中占有很重要的位置，加工中心的刀具自动交换系统（ATC）、托盘自动交换系统、主轴的自动装夹、主轴箱的平衡、主轴箱齿轮的变挡、主轴轴承的润滑和回转工作台的夹紧等一般都采用液压系统来实现。它所担任的控制、调整任务仅次于电气系统。一个完整的液压系统由 5 部分组成，即动力元件（液压泵）、执行元件（液压缸）、控制元件（液压阀）、辅助元件（附件）和液压油。液压油是液压系统的介质，在液压系统中起着能量传递、系统润滑、防腐、防锈、冷却等作用。液压系统的好坏取决于系统设计的合理性、系统元件性能的优劣、系统的污染防护和处理。

数控机床的液压传动系统原理如图 2.14 所示，从中可看出它所驱动控制的对象：液压卡盘、主轴上的松刀液压缸、液压拨叉变速液压缸、液压驱动机械手、静压导轨、主轴箱的液压平衡、油缸等。

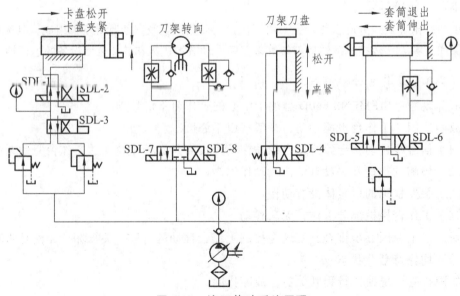

图 2.14　液压传动系统原理

2. 气压传动系统原理

气压传动系统与液压传动系统一样,其目的是为了驱动用于不同目的的机械装置。气动系统通常包括气源设备、气源处理元件、压力控制阀、润滑元件、方向控制阀、传感器、流量控制阀、气动执行元件及其他辅助元件。气动系统的气源容易获得,机床可以不必再单独配置动力源,装置结构简单,工作介质无污染,工作速度快和动作频率高,适合于完成频繁启动的辅助工作。过载时比较安全,不易发生过载损害机件等事故。

数控机床的气压系统主要用于对工件、刀具定位面(如主轴锥孔)和交换工作台的自动吹屑,清理定位基准面,安全防护门的开关,加工中心上机械手的动作和主轴松刀等。常用的气压传动系统原理如图 2.15 所示。

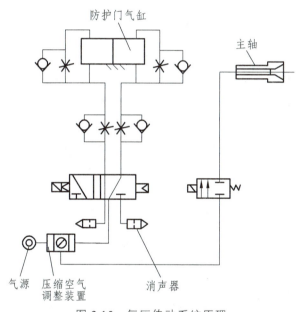

图 2.15 气压传动系统原理

2.5.2 液压与气压系统常见故障及排除方法

1. 液压系统常见故障及排除方法

除机械、电气问题外,一般液压系统的常见故障有以下几种:① 接头连接处泄漏;② 运动速度不稳定;③ 阀芯卡死或运动不灵活,造成执行机构动作失灵;④ 阻尼小孔被堵,造成系统压力不稳定或压力调不上去;⑤ 长期工作,密封件老化及易损元件磨损等造成系统中内外泄漏量增加,系统效率明显下降。

液压系统的故障往往因为液压装置内部的情况难以观察,不像有些机械故障那样一目了然,这给故障诊断及其排除带来了困难。分析系统的故障之前必须弄清楚整个液压系统的传动原理、结构特点，然后根据故障现象进行分析、判断，确定故障区域、部位或元件。液压系统的工作总是由压力、流量和液流方向来实现的，可按照这些特征找出故障的原因并及时排除。液压系统的常见故障诊断及排除方法如表 2.10 所示。

表 2.10　液压系统的常见故障诊断及排除方法

序号	故障现象	故障原因	排除方法
1	液压泵不供油或流量不足	压力调节弹簧过松	将压力调节螺钉顺时针转动使弹簧压缩，启动液压泵，调整压力
		流量调节螺钉调节不当，定子偏心方向相反	按逆时针方向逐步转动流量调节螺钉
		液压泵转速太低，叶片不甩出	将转速控制在最低转速以上
		液压泵转向相反	调转向
		油的黏度过高，使叶片运动不灵活	采用规定牌号的油
		油量不足，吸油管露出油面吸入空气	加油到规定位置
		吸油管堵塞	清除堵塞物
		进油口漏气	修理或更换密封件
		叶片在转子槽内卡死	拆开液压泵修理，清除毛刺、重新安装
2	液压泵有异常噪声或压力下降	油量不足，滤油器露出油面	加油到规定位置，将滤油器埋入油下
		吸油管吸入空气	找出泄漏部位，修理或更换零件
		回油管高出油面，空气进入油池	保证回油管入最低油面下一定深度
		进油口滤油器容量不足	更换滤油器、进油容量应是液压泵最大排量的 2 倍以上
		滤油器局部堵塞	清洗滤油器
		液压泵转速过高或液压泵装反	按规定方向安装转子
		液压泵与电动机连接同轴度差	同轴度误差应在 0.05 mm 内
		定子和叶片磨损，轴承和轴损坏	更换零件
		泵与其他机械共振	更换缓冲胶垫
3	液压泵发热、油温过高	液压泵工作压力超载	按额定压力工作
		吸油管和系统回油管距离太近	调整油管，使工作后的油不直接进入液压泵
		油箱油量不足	按规定加油

序号	故障现象	故障原因	排除方法
3	液压泵发热、油温过高	摩擦引起机械损失，泄漏引起容积损失	检查或更换零件及密封圈
		压力过高	油的黏度过大，按规定更换
4	系统及工作压力低、运动部件爬行	泄漏	查找漏油部件，修理或更换
			检查是否有高压腔向低压腔的内泄
			将泄漏的管件、接头、阀体修理或更换
5	尾座顶不紧或不运动	压力不足	用压力表检查
		液压缸活塞拉毛或研损	更换或维修
		密封圈损坏	更换密封圈
		液压阀断线或卡死	清洗、更换阀体或重新接线
		套筒研损	修理研磨部件
6	导轨润滑不良	分油器堵塞	更换损坏的定量分油管
		油管破裂或渗漏	修理或更换油管
		没有气体动力源	检查气动柱塞泵有否堵塞，是否灵活
		油路堵塞	清除污物，使油路畅通
7	滚珠丝杠润滑不良	分油管是否分油	检查定量分油器
		油管是否堵塞	清除污物，使油路畅通

2. 气压系统常见故障及排除方法

气压系统的常见故障诊断及排除方法如表表 2.11 所示。

表 2.11　气压系统的常见故障诊断及排除方法

序号	故障现象	故障原因	排除方法
1	气缸输出力不足，动作不平稳	冷凝水或杂质	清除杂质，更换过滤器
		润滑不良	加润滑油
2	气缸泄漏	密封圈损坏	更换密封圈
3	减压阀二次压力升高	调压弹簧损坏	更换损坏了的弹簧
		阀体中进入灰尘，活塞导向部分摩擦阻力大	清洗、检查过滤器，不让杂质混入
4	安全阀压力虽已上升但不溢流	调压弹簧损坏	更换弹簧
		阀内部混入杂质	清洗阀内部，微调溢流量

序号	故障现象	故障原因	排除方法
5	换向阀不能换向	润滑不良	改善润滑条件
		密封圈压缩量大或膨胀变形	更换密封件
		尘埃或油污等卡在滑动部分或阀座上	清洗各部件
		弹簧损坏	更换弹簧

2.5.3　液压与气压系统故障诊断及维修实例

案例 1：液压泵压力输出不足

故障现象：FANUC 0i 型加工中心工作台运动时明显感觉动力不足，更换电动机后，故障仍然没有排除。

故障分析：由于电动机是新更换的，所以应从液压系统方面查找故障原因。查看压力表，发现压力表数值在机床工作时发生向下 10%抖动的现象，而有时压力表会突然失压，判断可能是保压电磁阀的故障。拆下保压电磁阀后发现阀芯上面有挤压痕迹，故障可能产生于此。另继续考虑压力不足的问题，检查液压缸，结果发现液压缸密封圈也有磨损现象，故需要一并排除这两个故障。

故障排除：首先对保压电磁阀的挤压痕迹进行修复，无法修复的更换新的电磁阀，同时更换液压缸的密封圈。

小结：在液压系统中，电磁阀常常用来调整液压油的方向、流量和速度，起到控制的作用。而压力不足很大一部分原因来自密封性能不好，两者共同作用导致了本实例所出现的故障。

案例 2：更换液压油后无法升压

故障现象：FANUC 0i 型数控铣床在进行一次大修后，更换了液压缸、液压管路和液压油，但是在试运行时发现液压系统无法升压。

故障分析：液压系统没有升压，首先查看压力表，液压值一直不变。由于是新换的液压缸，所以质量和密封应该没有问题。接着查看是否有空气进入液压泵，也未发现。对液压管路检查时发现吸油口处压力过大，导致液压泵吸油困难，有时甚至吸不上油。

故障排除：在吸油口处适当降低出油口的压力，液压泵能正常吸上油，故障排除。

小结：液压泵一般安装在油箱下部以保证吸油，也可以安装在油箱上部，只要满足吸油真空度就可以。在下部安装泵要有减振喉连接，顶部安装时可以刚性固定。油箱内吸油口部位要和回油部位用隔板分开。液压泵完成吸油和压油一般需具备以下条件：① 必须有一个或几个密封的工作容积，而且工作容积是可变的；② 工作容积的变化是周期性的，在每个周期内，由小变大时是吸油过程，由大变小时是压油过程；
③ 吸压油腔必须分开，互不干扰。

案例 3：液压卡盘无法正常装夹

故障现象：FANUC 0TD 型数控车床在开机后发现液压站发出异响，液压卡盘无法正常装夹。

故障分析：经现场观察，发现机床开机启动液压泵后，即产生异响，而液压站输出部分无液压油输出，因此，可断定产生异响的原因出在液压站上，而产生该故障的原因大多为以下几点：① 液压站油箱内液压油太少，导致液压泵因缺油而产生空转。② 液压站油箱内液压油由于长久未换，污物进入油中，导致液压油黏度太高而产生异响。③ 由于液压站输出油管某处堵塞，产生液压冲击，发出声响。④ 液压泵与液压电动机连接处产生松动，而发出声响。⑤ 液压泵损坏。⑥ 液压电动机轴承损坏。

检查后发现在液压泵启动后，液压泵出口处压力为"0"，油箱内油位处于正常位置，液压油比较干净，因此可以排除第①～③点。进一步拆下液压泵检查，发现液压泵为叶片泵，工作正常，液压电动机转动正常，因此可排除第⑤⑥两点。而该泵与液压电动机连接的联轴器为尼龙齿式联轴器，由于该机床使用时间较长，液压站的输出压力调得太高，导致联轴器的啮合齿损坏，因而当液压电动机旋转时，联轴器不能很好地传递转矩，从而产生异响。

故障排除：更换该联轴器，调整液压站压力后，通电试机，机床恢复正常。

小结：本实例的故障看似是联轴器故障，实际上是液压站压力调整问题。在更换新的联轴器之后如果不及时调整液压站压力，时间一长还是会出现此故障。由此可见，数控机床的维修，有时不是仅仅对故障部件的修理，而是一个综合考虑的系统过程。

案例 4：气动阀门关不紧

故障现象：FANUC 0i 型加工中心气动阀门关不紧。

故障原因：根据故障现象分析，阀门未能自动关上一般有两方面的原因，即气动装置故障和阀门故障，因此按照这两点逐步进行排查。首先检查气动装置的压力，发现压力正常，并无压力泄漏的情况。继续检查其气动装置密封是否有损坏，经检查一切完好，也没有出现漏气低压导致行程不够的情况。故将气动装置方面的原因排除。然后从阀门方面入手，经检查发现自动阀门外部吸附了不少异物，分析其内部可能也进入了不少异物而致其堵塞。将阀门拆开，发现其阀芯有异物堵塞，阀芯已经损坏，造成关闭不严。同时，由于阀门在受力状态，阀门与气动执行元件的连接发生松动，综合这些原因，导致了自动阀门关不紧的现象出现。

故障排除：首先清理或者更换阀芯，并在阀门进口添装过滤器，避免异物再次进入阀芯。接着调整并重新固定阀门与气动执行元件连接部分。开机试机后，故障得到了解决。

小结：阀芯是实现方向控制、压力控制或流量控制的基本元件。当阀芯锁死后，阀门便无法正常关闭，如果该阀门应用在液压系统中，则无法实现对液压油流量的控制。

案例5：无法实现换挡变速

故障现象：SIEMENS 8O2D型加工中心换挡变速时，变速气缸不动作，无法变速。

故障原因：分析故障现象，查看气动控制原理图进行分析，变速气缸不动作的原因有：① 气动系统压力太低或流量不足；② 气动换向阀未得电或换向阀有故障；③ 变速气缸有故障。根据分析，首先检查气动系统的压力，压力表显示气压为 0.6 MPa，正常。检查换向阀电磁铁已带电，用手动换向阀芯，变速气缸动作，故判定气动换向阀有故障。拆下气动换向阀，检查发现有污物卡住阀芯，从而引起此故障。

故障排除：对阀芯进行清洗后，重新装好，故障排除。

小结：换向阀是具有两种以上流动形式和两个以上油口的方向控制阀，是实现液压油流的沟通、切断和换向以及压力卸载和顺序动作控制的阀门，可分为手动换向阀、电磁换向阀、电液换向阀。无论是哪种换向阀，其控制换挡变向的重要部件都是阀芯。

案例6：松刀动作缓慢

故障现象：FANUC 0i型加工中心换刀时，主轴松刀动作缓慢。

故障原因：根据气动控制原理图进行分析，主轴松刀动作缓慢的原因有：① 气动系统压力太低或流量不足；② 机床主轴拉刀系统有故障，如碟形弹簧破损等；③ 主轴松刀气缸有故障。根据分析，首先检查气动系统的压力，压力表显示气压为 0.6 MPa，压力正常；将机床操作转为手动，手动控制主轴松刀，发现系统压力下降明显，气缸的活塞杆缓慢伸出，故判定气缸内部漏气。拆下气缸，打开端盖，压出活塞和活塞环，发现密封环破损，气缸内壁拉毛。

故障排除：更换新的气缸后，故障排除。

小结：气缸就是气压传动中将压缩气体的压力能转换为机械能的气动执行元件。在实际应用中，气缸拉毛的主要原因有以下几种：① 气缸中落入异物，例如活门弹簧、活门片、螺栓及活塞环碎片等落入气缸，将活塞卡住或使气缸拉毛。② 气缸润滑油质量差或润滑油中断。劣质油注入气缸后，受摩擦产生的高温易被分解碳化而生成固体炭粒附着在气缸壁上。当活塞在气缸中运动时，因有积碳而增大了摩擦阻力，促使气缸温度升高，引起活塞膨胀而卡住。③ 润滑油中断后，活塞在无润滑油状态下运行，摩擦致使活塞发热卡住。④ 气缸冷却条件急剧变化。气缸夹套冷却水过少，气缸温度升高，活塞膨胀，使活塞被卡，气缸拉毛。⑤ 活塞与气缸套之间间隙太小。⑥ 检修中未将活塞环座压紧。在这些情况下，开机后经过往复冲击，使活塞环座的最前面一个铸铁制的胀圈被震碎，碎片落入缸内造成活塞被卡，气缸拉毛。当气缸拉毛故障发生时，应紧急停车，以免事故扩大，并应采取下列措施：① 在正常生产中对压缩机各部分容易松弛和易损坏零件，例如活门件、螺栓、活塞环等部件应定期检修或更换，检修中认真操作，严防异物落入气缸内。② 确保润滑油油质良好及供油系统运行正常。③ 保证气缸冷却系统运行正常。④ 确保气缸安装及检修质量良好。

3 数控机床电气故障诊断与排查方法

3.1 电气系统图的类型及有关规定

电气控制系统是由许多电气元件按照一定要求连接而成的为了实现生产机械电气控制系统的结构、原理等设计意图。为了便于电气系统的安装、调整、使用和维修，需要将电气控制系统中各电气元件及其连接用一定图形表达出来，这种图就是电气控制系统图。

电气系统图一般有 3 种：电气原理图、电气布置图、电气安装接线图。图上用不同的图形符号表示各种电气元件，用不同的文字符号表示电气元件的名称、序号和电气设备或线路的功能、状况和特征，还要标上表示导线的线号与接点编号等。各种图纸有其不同的用途和规定的画法，下面分别加以说明。

3.1.1 电气原理图

电气系统图中电气原理图应用最多。为便于阅读与分析控制线路，根据简单、清晰的原则，采用电气元件展开的形式绘制而成。已包括所有电气元件的导电部件和接线端点，但并不按电气元件的实际位置来画，也不反应电气元件的形状、大小和安装方式。

由于电气原理图具有结构简单，层次分明，适于研究、分析电路的工作原理等优点，所以无论在设计部门还是生产现场都得到了广泛应用。

1. 识读图的方法和步骤

阅读继电器接触器控制原理图时，要掌握以下几点：

（1）电气原理图主要分主电路和控制电路两部分。电动机的通路为主电路，接触器吸引线圈的通路为控制电路。此外，还有信号电路、照明电路等。

（2）原理图中，各电气元件不画实际的外形图，而采用国家规定的统一标准，文字符号也要符合国家规定。

（3）在电气原理图中，同一电器的不同部件常常不画在一起而是画在电路的不同地方，同一电器的不同部件都用相同的文字符号标明，例如接触器的主触头通常画在主电路中，而吸引线圈和辅助触头则画在控制电路中，但它们都用 KM 表示。

（4）同一种电器一般用相同的字母表示，但在字母的后边加上数码或其他字母下标以示区别，例如两个接触器分别用 KM1、KM2 表示或用 KMF、KMR 表示。

（5）全部触头都按常态给出。对接触器和各种继电器常态是指未通电时的状态；对按钮、行程开关等则是指未受外力作用时的状态。

（6）原理图中，无论是主电路还是辅助电路，各电气元件一般按动作顺序从上到下从左到右依次排列，可水平布置或者垂直布置。

（7）原理图中，有直接电联系的交叉导线连接点，要用黑圆点表示。无直接联系的交叉导线连接点不画黑圆点。

在阅读电气原理图以前，必须对控制对象有所了解，尤其对于机械、液压（或气压）、电配合得比较密切的生产机械，单凭电气线路图往往不能完全看懂其控制原理，只有了解了有关的机械传动和液压（气压）传动后，才能搞清全部控制过程。

2. 图面区域的划分

图纸上方的 1，2，3 等数字是图区编号，它是为了便于检索电气线路，方便阅读分析避免遗漏而设置的。图区编号也可以设置在图的下方。

图区编号下方的"电源开关及保护……"等字样，表明对应区域下方元件或电路的功能，使读者能清楚地知道某个元件或某部分电路的功能，以利于理解全电路的工作原理。

3. 符号位置的索引

符号位置的索引用图号、页次和图区编号的组合索引法。索引代号的组成如图 3.1 和图 3.2 所示，KM 线圈及 KA 线圈下方的是接触器 KM 和继电器 KA 相应触头的索引。

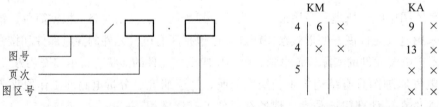

图 3.1 符号位置索引图	图 3.2 接触器和继电器索引图

电气原理图中，接触器和继电器线圈与触头的从属关系应用附图表示。即在原理图中相应线圈的下方给出触头的图形符号，并在其下面注明相应触头的索引代号，对未使用的触头用"X"表明，有时也可采用上述省去触头的表示法。

对接触器，上述表示法中各栏的含义如下：

左栏	中栏	右栏
主触头所在图区号	辅助动合触头所在图区号	辅助动断触头所在图区号

对继电器，上述表示法中各栏的含义如下：

左栏	右栏
动合触头所在图区号	动断触头所在图区号

4. 电气原理图中技术数据的标注

电气元件的数据和型号，一般用小号字体注在电器代号下面，如图 3.3 所示就是热继电器动作电流值范围和整定值的标注。

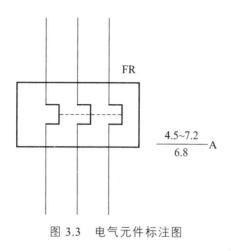

图 3.3　电气元件标注图

3.1.2　电气布置图

电气布置图主要是用来表明电气设备上所有电机电器的实际位置，为生产机械电气控制设备的制造、安装、维修提供必要的资料。以机床电气布置图为例，它主要由机床电气设备布置图、控制柜及控制板电气设备布置图、操纵台及悬挂操纵箱电气设备布置图等组成。电气布置图可按电气控制系统的复杂程度集中绘制或单独绘制。但在绘制这类图形时，机床轮廓线用细实线或点画线表示，所有能见到的以及需要表示清楚的电气设备均用粗实线绘制出简单的外形轮廓。

3.1.3　电气安装接线图

电气安装接线图是为了安装电气设备和电气元件进行配线或检修电气故障服务的。在图中可显示出电气设备中各元件的空间位置和接线情况，可在安装或检修时对照原理图使用。它是根据电气位置布置并依据合理经济等原则安排的，它表示机床电气设备各个单元之间的接线关系，并标注出外部接线所需的数据。根据机床设备的接线图就可以进行机床电气设备的总装接线。对某些较为复杂的电气设备。电气安装板上元件较多时，还可画出安装板的接线图。对于简单设备仅画出接线图就可以了，实际工作中，接线图常与电气原理图结合起来使用。

3.2 数控机床电气部分故障排查方法

3.2.1 通电检查法

通电检查法是指机床和机械设备发生电气故障后，根据故障的性质，在条件允许的情况下，通电检查故障发生的部位和原因。

在检查故障时，经外观检查未发现故障点，可根据故障现象，结合电路图分析可能出现的故障部位，在不扩大故障范围、不损伤电器和机床设备的前提下，进行直接通电试验，以分清故障是在电气部分还是在机械等其他部分，是在电动机上还是在控制设备上，是在主电路还是在控制电路上。一般情况下先检查控制电路，待控制电路的故障排除恢复正常后，再接通主电路，检查控制电路对主电路的控制效果，观察主电路的工作情况是否正常等。

在通电检查时，必须注意人身和设备的安全，要遵守安全操作规程，不得随意触动带电部分，要尽可能切断主电路电源，只在控制电路带电的情况下进行检查。如需电动机运转，则应使电动机与机械传动部分脱开，使电动机在空载下运行，这样既减小了试验电流，也可避免机械设备的运动部分发生误动作和碰撞，以免故障扩大。在检修时应预先充分估计到局部线路动作后可能发生的不良后果。

1. 校验灯法

用校验灯检查故障的方法有两种：一种是 380 V 的控制电路，另一种是经过变压器降压的控制电路。对于不同的控制电路所使用的校验灯应有所区别，具体的判别方法分别如图 3.4 和图 3.5 所示，首先将校验灯的一端接在低电位处，再用另外一端分别碰触需要判断的各点。如果灯亮，则说明电路正常；如果灯不亮，则说明电路有故

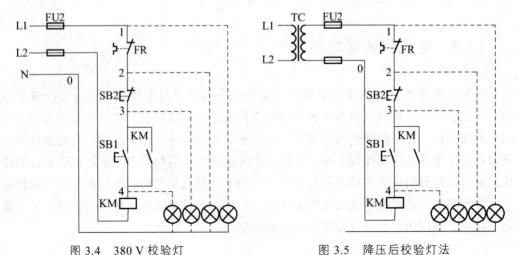

图 3.4　380 V 校验灯　　　　　图 3.5　降压后校验灯法

障。对于 380 V 的控制电路可用 220 V 的白炽灯，低电位端应接在中性线上，测试情况如表 3.1 所示。

表 3.1　校验灯法找故障点

故障现象	测试状态	0-2	0-3	0-4	故障点
按下 SB1 时，KM 不吸合	未按下 SB1	不亮	不亮	不亮	FR 动断触点接触不良
		亮	不亮	不亮	SB2 动断触点接触不良
		亮	亮	不亮	KM 线圈断路
	断开 KM 线圈，按下 SB1	亮	亮	不亮	SB1 接触不良

2. 验电笔法

用验电笔检查电路故障的优点是安全、灵活、方便，缺点是受电压限制，并与具体电路结构有关（如变压器输出端是否接地等），因此测试的结果不是很准确。另外，有时电气元件触点烧断，但是因有爬弧，用验电笔测试，仍然发光，而且亮度还较强，这样也会造成判断错误，用验电笔检查电路故障的方法如图 3.6 所示。

在图 3.6 中，如果按下 SB1 或 SB3 后，接触器 KM 不吸合，遇到这种情况可以验电笔从 A 点开始依次检测 B、C、D、E 和 F 点，观察验电笔是否发光，且亮度是否相同。如果在检查过程中发现某点发光变暗，则说明被测点以前的元件或者导线有问题。停电后仔细检查，直到查出问题消除故障为止。但是，在检查过程中有时还会发现各点都亮，而且亮度都一样，接触器也没问题，就是不吸合，原因可能是启动按钮 SB1 本身触点有问题不能导通，也可能是 SB2 或 FR 动断触点断路，

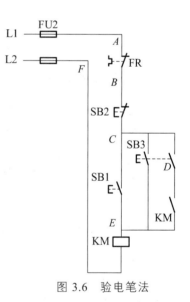

图 3.6　验电笔法

电弧将两个静触点导通或因绝缘部分被击穿使两触点导通，遇到这类情况就必须用电压表进行检查。

3.2.2　断电检查法

断电检查法是将被检修的数控机床与外部电源切断后进行检修的方法。采取断电检查法检修设备故障是一种比较安全的常用检修方法。这种方法主要针对有明显的外表特征、容易被发现的电气故障，或者为避免故障未排除前通电试车，造成短路、漏

电，再一次损坏电气元件，扩大故障、损坏机床设备等后果采用的一种检修方法。其方法如图 3.7 所示。

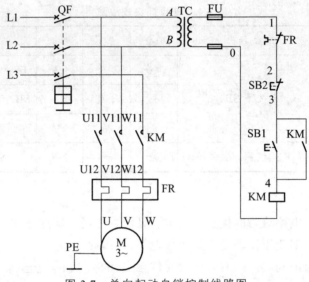

图 3.7　单向起动自锁控制线路图

1. 数控机床设备发生短路故障

故障发生后，除了询问操作者短路故障的部位和现象外，主要还是自己去仔细检查。如果未发现故障部位，就需要使用绝缘电阻表分步检查（不能用万用表，因外用表中干电池电压只有几伏或几十伏），在检查主电路接触器 KM 上口部分的导线和开关是否短路时，应将图 3.7 中的 A 或 B 点断开，否则会因变压器一次绕组的导通而造成误判断。

2. 按下启动按钮 SB1 后电动机不转

检查电动机不转的原因应从两方面进行检查分析。当按下启动 SB1 后接触器 KM 是否吸合，如果不吸合应当首先检查电源和控制电路部分，如果按下启动按钮 SB1 后接触器 KM 吸合而电动机不转，则应检查电源和主电路部分。

3.3　电压检查法

电压检查法是利用电压表或万用表的交流电压挡对线路进行带电测量，是查找故障点的有效方法。电压检查法有电压分阶测量法（见图 3-8）和电压分段测量法（见图 3-9）两种。

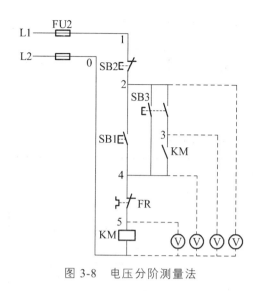

图 3-8　电压分阶测量法

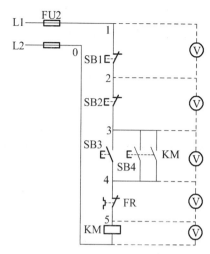

图 3-9　电压分段测量法

3.3.1　电压分阶测量法

测量检查时，首先把万用表的转换开关置于交流电压 500 V 的挡位上，然后按如图 3-8 所示的方法进行测量。断开主电路，接通控制电路的电源，若按下启动按钮 SB1 或 SB3 时，接触器 KM 不吸合，则说明控制电路有故障。检测时，需要两人配合进行，一人先用万用表测量 0 和 1 两点之间的电压。若电压为 380 V，则说明控制电路的电源电压正常。然后由另一人按下 SB1 不放，一人用黑表笔接到 0 点上，用红表笔一次接到 2、3、4、5 各点上，分别测量出 0-2，0-3，0-4，0-5 两点之间的电压，根据测量结果即可找出故障点，如表 3.2 所示。

表 3.2　电压分阶测量法查找故障点

故障现象	测试状态	0-2	0-3	0-4	0-5	故障点
按下 SB1 或 SB3 时，KM 不吸合	按下 SB1 不放	0	0	0	0	SB2 动断触点接触不良
		380 V	0	0	0	SB3 动断触点接触不良
		380 V	380 V	0	0	SB1 动断触点接触不良
		380 V	380 V	380 V	0	FR 动断触点接触不良
		380 V	380 V	380 V	380 V	KM 线圈断路

3.3.2　电压分段测量法

测量检查时，把万用表的转换开关置于交流电压 500 V 的挡位上，按如图 3-9 所示的方法进行测量。首先用万用表测量 0 和 1 两点之间的电压，若电压为 380 V，则说明控制电路的电源电压正常。然后，一人按下启动按钮 SB3 或 SB4，若接触器 KM 不吸合，则说明控制电路有故障。这时另一人可用万用表的红、黑两根表笔逐段测量相邻两点 1-2，2-3，3-4，4-5，5-0 之间的电压，根据测量结果即可找出故障点，如表 3.3 所示。

表 3.3   电压分段测量法所测电压及故障点

故障现象	测试状态	1-2	2-3	3-4	4-5	5-0	故障点
按下 SB3 或 SB4 时，KM 不吸合	按下 SB3 或 SB4 不放	380 V	0	0	0	0	SB1 动断触点接触不良
		0	380 V	0	0	0	SB2 动断触点接触不良
		0	0	380 V	0	0	SB3 或 SB4 动合触点接触不良
		0	0	0	380 V	0	FR 动断触点接触不良
		0	0	0	0	380 V	KM 线圈断路

3.4   电阻检查法

电阻检查法是利用万用表的电阻挡，对线路进行断电测量，是一种安全，有效的方法。电阻检查法有电阻分阶测量法和电阻分段测量法两种。

3.4.1   电阻分阶测量法

测量检查时，首先用万用表的转换开关置于倍率适当的电阻挡，然后按图 3.10 所示方法测量。

测量前先断开主电路电源，接通控制电路电源。若按下启动按钮 SB1 或者 SB3 时，接触器 KM 不吸合，则说明控制电路有故障。检测时应切断控制电路电源，然后一人按下 SB1 不放，另一人用万用表依次测量 0-1，0-2，0-3，0-4 各两点间电阻值，根据测量结果可找出故障点，如表 3.4 所示。

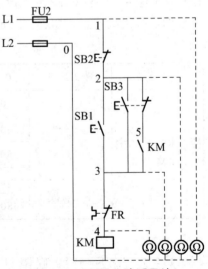

图 3.10   电阻分阶测量法

表 3.4   电阻分阶测量法查找故障点

故障现象	调试状态	0-1	0-2	0-3	0-4	故障点
按下 SB3 或 SB4 时，KM 不吸合	按下 SB1 不放	∞	R	R	R	SB2 动断触点接触不良
		∞	∞	R	R	SB1 或 SB3 动合触点接触不良
		∞	∞	∞	R	FR 动断触点接触不良
		∞	∞	∞	∞	KM 线圈断路

3.4.2   电阻分段测量法

按图 3.11 所示方法测量时，首先切断电源，然后一人按下 SB3 或 SB4 不放，另一人把万用表的转换开关置于倍率适当的电阻档，用万用表的红、黑两根表逐段测量相邻两点 1-2，2-3，3-4，4-5，5-0 之间的电阻，如果测得某点间电阻值很大，则说明该两点间接触不良或导线断路，结果如表 3.5 所示。

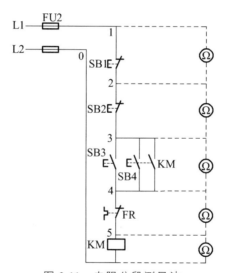

图 3.11   电阻分段测量法

表 3.5   分段测量法所测电阻值及故障点

故障现象	测量点	电阻值	故障点
按下 SB3 或 SB4 时，KM 不吸合	1-2	∞	SB1 动断触点接触不良
	2-3	∞	SB2 动断触点接触不良
	3-4	∞	SB3 或 SB4 动合触点接触不良
	4-5	∞	FR 动断触点接触不良
	5-0	∞	KM 线圈断路

3.5 其他检查方法

3.5.1 局部短接检查法

机床电气设备的常见故障为断路故障，如导线断路、虚焊、虚连、触点接触不良、熔断器熔断等。对这类故障，除用电压法和电阻法检查外，还有一种更为简便可靠的方法，就是短接法。检查时，用一根绝缘良好的导线将所怀疑的断路部位连接，若短接到某处时电路接通，则说明该处断路，如图 3.12 所示。这种方法称为局部短接法。

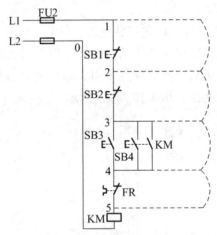

图 3.12 局部短接检查法

短接法检查前，先用万用表测量图 3.12 所以 1-0 两点间电压，若电压正常，可一人按下启动按钮 SB3 或 SB4 不放，然后另一人用一根绝缘良好的导线分别短接标号相邻的两点 1-2，2-3，3-4，4-5（注意千万不要短接 5-0 两点，否则会造成短路），当短接到某两点时，接触器 KM 吸合，则说明断路故障就在这两点之间，结果如表 3.6 所示。

表 3.6 短路检查法查找故障点

故障现象	测量点	KM 是否吸合	故障点
按下 SB3 或 SB4 时，KM 不吸合	1-2	KM 吸合	SB1 动断触点接触不良
	2-3	KM 吸合	SB2 动断触点接触不良
	3-4	KM 吸合	SB3 或 SB4 动合触点接触不良
	4-5	KM 吸合	FR 动断触点接触不良

3.5.2 长短接检查法

长短接法是指一次短接两个或多个触点来检查故障的方法。

如图 3.13 所示，当 FR 的动断触点和 SB1 的动断触点同时接触不良时，若用局部短接法接图 3.13 中的 1-2 两点，按下 SB2，KM1 仍不能吸合，则可能造成判断错误；而用长短接法将 1-6 两点短接，如果 KM1 吸合，则说明 1-6 这段电路上有断路故障；然后再用局部短接法逐段找出故障点。

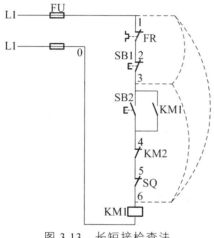

图 3.13　长短接检查法

长短接法的另一个作用是可把故障点缩小到一个较小的范围。例如，第一次先短接 3-6 两点，KM1 不吸合，再短接 1-3 两点，KM1 吸合，说明故障在 1-3 范围内。可见，如果长短接法和局部短接法能结合使用，很快就能找出故障点。

案例 1：数控机床启停控制线路故障诊断与排除

如图 3.14 所示是常用数控机床启动停止控制线路，该控制线路是由按钮、限位开关、小型电磁继电器等电器元件组成。故障现象如下：当按下 SB1 按钮时，数控系统不能得电。试排除故障。

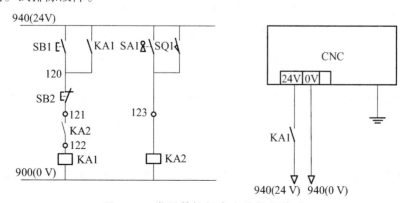

图 3.14　常用数控机床启停控制线路

（1）读图。

① 电柜门解锁控制。

机床在正常状态下，电气控制柜关闭。检测电柜门关闭的限位开关 SQ1 动合触点闭合，继电器 KA2 线圈得电，启动回路中 KA2 动合触点闭合。电柜门打开后，SQ1 触点断开，KA2 线圈失电，KA2 动合触点断开，启动回路也相应断开。

当在电气控制柜打开时启动机床，可以旋转电柜门解锁钥匙开关，使钥匙开关触点闭合，KA2 线圈得电，启动回路中 KA2 触点吸合。

② 机床启动停止控制。

按下启动按钮 SB1，继电器 KA1 线圈得电，KA1 自锁触头闭合，继电器 KA1 线圈一直得电，数控系统上电，机床启动。按下停止按钮 SB2，启动回路断开，KA1 线圈失电，数控系统断电，机床停止。

（2）故障排查。

这类故障的原因一般是回路没有电压，按钮 SB1、SB2 接触不良，继电器线圈不良，电柜门未关好等。故障排查步骤如下：

① 检查控制回路的电压是否为直流 24 V，用万用表测量该控制回路中线号 940 与线号 900 端子之间的电压是否正常。

② 检查继电器 KA2 线圈是否得电，如果没有得电，用万用表测量限位开关 SQ1 动合触点是否闭合。测量的方法有两种：一是先断开电源，用万用表电阻挡来测量线号 940、123 之间的通断，如果不通，说明限位开关 SQ1 动合触点未闭合。二是接通电源，用万用表的直流电压挡测量线号 123、900 之间是否有直流 24 V 电压，如果没有，说明限位开关 SQ1 动合触点未闭合；如果限位开关 SQ1 动合触点闭合了，而 KA2 不吸合，则故障是 KA2 线圈不良。

③ 控制回路中启动按钮 SB1 的触点为动合连接，当 SB1 被按下后，线号 940 端和线号 120 端为等电位。可在断电的条件下，用万用表电阻挡来测量线号 940 端和线号 120 端的通断情况，如果不通，可判断为 SB1 不良。也可用万用表测量线号 120、900 之间的电压是否是直流 24 V 来判断。

④ 控制回路中按钮 SB2 的触点为动断连接，用万用表测量线号 121、900 之间的电压是否是直流 24 V。如果无电压，可判断为 SB2 不良。如果是 24 V，在 KA2 触点吸合的情况下，KA1 线圈得电，KA1 触点动作；若 KA1 触点不动作，可判断为 KA1 线圈不良。

⑤ 控制回路中继电器 KA1 的触点为自锁动合连接，当 KA1 线圈得电后，其触点闭合，形成自锁，KA1 线圈持续得电，系统上电。

案例 2：排屑电动机运转故障诊断与排除

如图 3.15 所示是排屑电动机正反转控制回路，现在出现了以下两种故障现象，试排除故障。

① 电动机不能正常运转。

② 电动机可以旋转，但是只能向一个方向旋转。

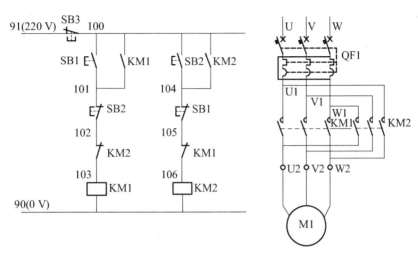

图 3.15　排屑电动机控制回路、主回路

（1）读图。

此控制线路是由按钮、低压断路器、交流接触器、接线端子等低压电器元件组成。电动机的正反转控制是通过控制接触器 KM1、KM2 实现的，如果电动机正转是由接触器 KM1 的主触点依次连接 380 V 的主电路 U、V、W 相，那么电动机反转只要在 380 V 主电路线路换相连接到接触器 KM2 的主触点即可。

① 正转控制。

按下正转按钮 SB1，接触器 KM1 线圈得电，从而 KM1 主触头闭合，电动机正转，同时 KM1 自锁触头闭合，KM1 的互锁触头断开。

② 反转控制。

按下反转按钮 SB2，接触器 KM1 线圈掉电，KM1 互锁触头闭合，接触器 KM2 线圈得电，从而 KM2 主触头闭合，电动机开始反转，同时 KM2 自锁触头闭合，KM2 的互锁触头断开。

为了避免正转和反转两个接触器同时动作造成相间短路，在两个接触器线圈所在的控制电路上加了电气联锁，即正转接触器 KM1 的动断辅助触头与反转接触器 KM2 的线圈串联；又将反转接触器 KM2 的动断辅助触头与正转接触器 KM1 的线圈串联，这样，两个接触器互相制约，使得任何情况下不会出现两个线圈同时得电的状况，起到保护作用。

复合启动按钮 SB1、SB2 也具有电气联锁作用。SB1 的动断触头串接在 KM2 线圈的供电线路上，SB2 的动断触头串接在 KM1 线圈的供电线路上，这种互锁关系能保证一个接触器断电释放后，另外一个接触器才能通电动作，从而避免因操作失误造成电源相间短路。按钮和接触器的复合互锁使得电路更加安全可靠。

（2）故障排查。

① 排屑电动机不能启动。

这类故障一般是主回路中断路器 QF1 断开，控制回路中按钮 SB1、SB2 接触不良，接触器线圈不良，回路中存在短路，电动机堵转等因素造成交回路没有电压。故障排查步骤如下：

a. 检查主回路 U、V、W 三相之间的电压是否为交流 380 V，用万用表测量断路器 QF1 进线端子 U、V、W 三相之间线电压是否正常。

b. 检查断路器 QF1 是否跳开，如果没有跳开，用万用表测量断路器 QF1 出线端子 U1、V1、W1 三相之间线电压是否正常。如果 QF1 跳开，其跳开原因是否为断路器 QF1 的整定电流小，没有超过电动机的额定电流。如果是，放大断路器 QF1 的整定电流值。检查回路是否存在短路现象，用万用表测量电动机三相之间、相地之间的电阻值，看看是否存在短路现象。检查电动机是否堵转。

c. 检查控制回路的电压是否为交流 220 V，用万用表测量线号 91、90 之间的电压有无交流 220 V。

d. 控制回路中停止按钮 SB3 的触点为动断触点，SB3 不动作时，线号 91 端和线号 100 端为等电位，用万用表测量线号 100、90 之间的电压有无交流 220 V。如果没有，可判断 SB3 不良。

e. 正转控制回路中启动按钮 SB1 的触点为动合触点，当 SB1 按下后，线号 100 端和线号 101 端为等电位。可在断电的条件下，用万用表电阻挡来测量线号 100 端和线号 101 端的通断情况，如果不通，可判断为 SB1 不良，也可用万用表测量线号 101、90 之间的电压有无交流 220 V 来判断。

f. 正转控制回路中按钮 SB2 的触点为互锁动断触点，用万用表测量线号 102、90 之间的电压有无交流 220 V，如果没有，可判断 SB2 不良。

g. 正转控制回路中接触器 KM2 的触点为互锁动断触点。同理，用万用表测量线号 103、90 之间的电压有无交流 220 V。如果没有，可判断 KM2 的动断触点接触不良。如果有 220 V 电压，说明接触器 KM1 线圈已经得电，KM1 的主触头吸合，主回路的 380 V 电压就加在电动机三相端子上了。若接触器 KM1 仍不动作，可判断 KM1 为不良。

h. 反转控制回路结构和正转控制回路相似，利用前面的检修方法可同样去查找相应故障。

② 电动机可以旋转，但只能一个方向旋转。

这类故障的原因一般是主回路接触器 KM1、KM2 的主触点连接成一样，没有错开相序连接；或者是控制回路中的正、反转回路之一有故障。排查步骤如下：

a. 检查主回路中两个接触器主触点的线路连接；

b. 控制回路故障排查，排查方法和前边的方法类似。

案例 3：刀库电动机制动线路故障诊断与排除

如图 3.16 所示是刀库电动机能耗制动线路，故障现象是电动机不能停止在正确位置上，试排除故障。

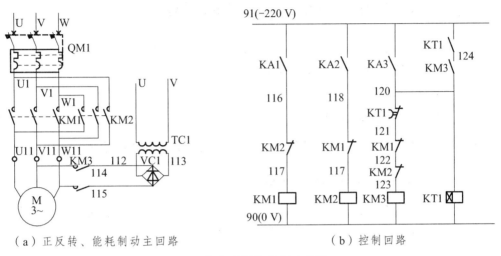

（a）正反转、能耗制动主回路　　　　　　　　　（b）控制回路

图 3.16　刀库电动机能耗制动线路

（1）读图。

图 3.16 为刀库电动机正反转运行和能耗制动控制线路图，当 PLC 发出刀库正转指令后，KA1 吸合，KM1 得电，刀库电动机正向旋转。当刀库旋转到位后，PLC 发出刀库旋转停止指令，KM1 断电，KM3 和 KT1 线圈通电并自锁，KM3 动合触头及 KT1 闭合，使直流电压加至电动机定子绕组，电动机进行正向能耗制动。当时间继电器延时时间到后，延时打开的动断触头 KT1 断开接触器 KM3 的线圈电源，由于 KM3 的动合触头复位，KT1 线圈也随之失电，电动机正向能耗制动结束。反向能耗制动过程与正向能耗制动过程类似。

（2）故障排查。

电动机不能停止在正确位置上，一般是能耗制动故障或者制动时间过短所引起的。故障排查步骤如下：

① 通电状态下，检查控制线路中变压器的输出电压是否正常。用万用表测量变压器输出端线号 112、113 处的电压是否为交流 100 V，如果不是，变压器出现故障。

② 检查控制线路中整流桥的输出电压是否正常。万用表测量整流桥堆输出端线号 114、115 处的电压是否为直流 100 V，如果不是，检查整流桥堆是否良好。

③ 电动机在停止旋转时，检查制动接触器 KM3 线圈是否得电，如果没得电，检查 KM3 线圈控制线路中刀库制动继电器 KA3 动合触头是否吸合，时间继电器 KT1、正转接触器 KM1、反转接触器 KM2 的辅助动断触头是否为动断连接。

④ 电动机停止旋转时，制动接触器 KM3 线圈得电，主回路中 KM3 主触头闭合，制动电流能加在电动机定子绕组上，如果电动机仍不能停止在正确位置上，一般是制

动时间过短所引起的，需适当延长继电器的延时时间。

3.6 利用 PLC 的状态信息诊断故障

3.6.1 数控机床 PLC 的功能

1. 机床操作面板控制

将机床操作面板上的控制信号直接送入 PLC，以控制数控系统的运行。

2. 机床外部开关输入信号控制

将机床侧的开关信号送入 PLC，经逻辑运算后，输出给控制对象，这些开关包括各类控制开关、行程开关、接近开关、压力开关和温控开关等。

3. 输出信号控制

PLC 输出信号经强电控制柜中的继电器、接触器，通过机床侧的液压或气动电磁阀，对刀库、机械手和回转工作台等装置进行控制，另外还对冷却泵电动机、润滑泵电动机及电磁控制器等进行控制。

4. 伺服控制

控制主轴和伺服进给驱动装置的使能信号，以满足伺服驱动的条件，通过驱动装置驱动主轴电动机、进给伺服电动机和刀库电动机等。

5. 报警处理控制

PLC 收集强电柜、机床侧和伺服驱动装置的控制信号，将报警标志区中的相应报警标志位置位，数控系统便显示相应的报警号及报警提示信息，以方便故障诊断。

6. 软盘驱动装置控制

有些数控机床用计算机软盘取代了传统的光电阅读机。通过控制软盘驱动装置，实现与数控系统进行零件程序、机床参数、零点偏置和刀具补偿等数据的传输。

7. 转换控制

有些加工中心可以实现主轴立/卧转换，PLC 完成的主要工作包括切换主轴控制接触器；通过 PLC 的内部功能，在线自动修改有关机床数据位；切换伺服系统进给模块，并切换用于坐标轴控制的各种开关、按键等。

3.6.2　数控机床 PLC 的分类

数控机床 PLC 可分为两类,一类是专为实现数控机床顺序控制而设计制造的内置式 PLC,另一类是输入/输出信号接口技术规范、输入/输出点数、程序存储容量以及运算和控制功能都符合数控机床控制要求的独立式 PLC。

(1) 内置式 PLC 与 CNC 的信息传送在 CNC 内部实现,PLC 与机床的间的信息传送通过 CNC 的输入/输出接口电路来实现。一般这种类型的 PLC 能独立工作,只是 CNC 向 PLC 功能的扩展,两者是不能分离的。在硬件上,内置式 PLC 可以和 CNC 共用一个 CPU,也可单独使用一个 CPU。由于 CNC 的功能和 PLC 的功能在设计时就已经一同考虑,CNC 和 PLC 之间没有多余的连线。所以使得 PLC 信息可以通过 CNC 显示器显示,PLC 编程更为方便,故障诊断功能和系统的可靠性也有提高。

(2) 独立式 PLC 和 CNC 是通过输入/输出接口电路连接的。目前有许多厂家生产独立式 PLC,选用独立式 PLC,功能易于扩展和变更,当用户在向柔性制造系统、计算机集成制造系统发展时,不至于对原系统作很大的变动。

3.6.3　PLC 数控机床故障的表现形式

设计良好的 PLC 具有较为完善的报警功能。与数控系统故障报警不同,数控机床的外围故障报警是由机床生产厂家根据机床的结构和类型而设计的。不同结构类型和不同厂家的机床会有不同的外围故障报警。

当数控机床出现 PLC 方面的故障时,一般有三种表现形式:① 通过指示灯或报警文本显示故障报警;② 有故障显示,但不反映故障的真正原因;③ 没有任何提示。对于后两种情况,可根据 PLC 的梯形图和输入/输出状态信息来分析和判断故障的原因,这种方法是解决数控机床外围故障的基本方法。

3.6.4　数控机床 PLC 相关故障诊断的步骤

1. 确认 PLC 的运行状态

当故障产生时,首先应确认 PLC 的运行状态。有些数控系统可以通过系统面板直接编辑 PLC 程序。但在编辑状态,PLC 是不能执行程序的,因此也就没有输出。对此类系统,一定要确保将 PLC 设定为自动启动状态,否则给机床通电后,PLC 不会执行,所有的外部动作都不会执行。

2. 定位不正常输出的原因

在 PLC 正常运行情况下,分析与 PLC 相关故障时,应先定位不正常输出的原因。

例如，机床进给停止是因为 PLC 向系统发出了进给停止的信号；机床润滑报警是因为 PLC 输出了润滑状态的监控；换刀中止，是某一动作的执行元件没有接到 PLC 的输出信号。定位了不正常的原因即是故障查找的开始。这一点需要维修人员掌握 PLC 接口指示，掌握数控机床的一些顺序动作的时序关系。

3. 查找故障点

确定产生异常的原因后，从 PLC 输出点开始检查，检查系统对应该动作的 PLC 端口是否有输出信号，如果有但没有执行，则通过电气原理图，检查强电部分相关电路；如果 PLC 没有输出，则检查 PLC 程序，查看使之输出需满足的条件。

3.6.5 数控机床 PLC 故障诊断方法

1. 根据报警号诊断故障

数控机床的 PLC 程序属于机床厂家的二次开发，即厂家根据机床的功能和特点，编制相应的动作顺序以及报警文本，对控制过程进行监控。当出现异常情况时，系统会发出相应的报警信息，便于用户排除故障。在维修过程中，要充分利用这些信息。

2. 根据动作顺序诊断故障

数控机床上刀具及托盘等装置的自动交换动作都是按照一定顺序来完成。因此观察机械装置的运动过程，对比正常与故障时的情况，就可发现疑点，诊断出故障原因。

3. 根据控制对象的工作原理诊断故障

数控机床的 PLC 程序是按照控制对象的工作原理设计的，通过对控制对象工作原理的分析，结合 PLC 的 I/O 状态是诊断故障很有效的方法。

4. 根据 PLC 的 I/O 状态诊断故障

在数控机床中，输入/输出信号的传递，一般要通过 PLC 的 I/O 接口来实现，因此一些故障会在 PLC 的 I/O 接口通道上反映出来。数控机床的这个特点为故障诊断提供了方便。如果不是数控系统硬件故障，可以不必查看梯形图和有关电路图，而是通过查询 PLC 的 I/O 接口状态，就可查找出故障原因，因此熟悉控制对象的 PLC 的 I/O 正常状态，有利于判断故障原因。

5. 通过梯形图诊断故障

根据 PLC 梯形图分析和诊断故障时解决数控机床外围故障的基本方法，用这种方法诊断机床故障首先应搞清机床的工作原理，动作顺序和连锁关系，然后利用系统的自诊断功能或通过机外编程器，根据 PLC 梯形图查看相关的输入/输出及标志位的状态，从而确定故障原因。

6. 动态跟踪梯形图诊断故障

有些数控系统带有梯形图监控功能，调出梯形图画面，即可以看到输入/输出点的状态和梯形图执行的动态过程，有的系统则需要机外编程器才能在线监控程序的运行。有些 PLC 在发生故障时，因为过程变化快，查看 I/O 标志无法跟踪。此时需要通过 PLC 动态跟踪，实时观察 I/O 及标志位状态的瞬间变化，根据 PLC 的工作原理作出诊断。

案例 4：机床照明灯开关故障诊断与排除

故障现象：当机床上电运行后，照明灯开关拨到 ON 时，机床的照明灯不亮。

故障排查：

（1）查看机床控制电气原理图。

从图 3.17 可以看出，机床照明控制按钮接输入继电 X4.5。

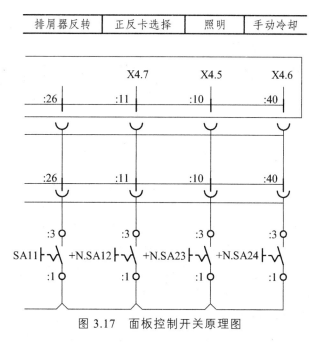

图 3.17　面板控制开关原理图

（2）打开梯形图。

选择"SYSTEM"→"PMC"→"PMCLAD"，输入 X4.5，选择"SEARCH"，打开梯形图，如图 3.18 所示。

图 3.18　照明灯控制梯形图

图 3.18 中，照明灯开关拨到 ON 位置，X4.5 得电，Y53.4 得电，证明照明开关无故障，梯形图工作正常，继续查找与输出继电 Y53.4 连接的相关电路故障。

（3）在电路原理图中查找与输出继电 Y53.4 相关的电气原理图。

查找到如图 3.19 所示与输出继电 Y53.4 相关的原理图。

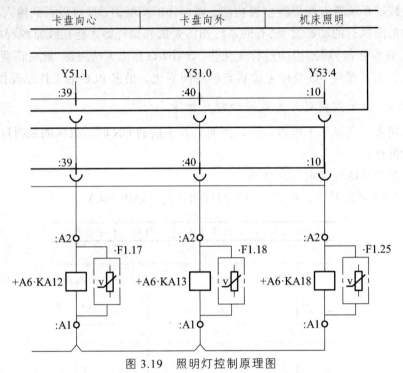

图 3.19　照明灯控制原理图

由图 3.19 可以看出，输出继电器一端接到 KA18 的线圈上，首先需要检查 Y53.4 到 KA18 线圈一端的线路是否导通：机床断电，用万用表测量输出继电 Y53.4 输出端子到继电器 KA18 线圈的一端是否导通，用万用表的电阻挡测量，测出的电阻为 0，证明输出继电的端子到 KA18 线圈的一端正常导通。

接下来测量 KA18 继电器线圈两端的电压，这种情况下机床必须上电，而且照明灯控制开关要拨到 ON 位置（否则输入继电没有信号），此时测出 KA18 线圈两端的电压是 24 V，证明线圈两端的电压正常；KA18 线圈两端的电压正常，只是说明线圈上面加了电，并不能证明 KA18 的线圈功能是正常的，继续检查 KA18 线圈的通断情况，首先机床断电，将 KA18 从机床上拆下来，用万用表欧姆挡测线圈电阻，此时万用表读数是-1，表明线圈电阻无穷大，也就是说 KA18 的线圈处于断路状态，更换继电器线圈 KA18，重新给机床上电后，照明开关拨到 ON 位置，机床照明灯亮，故障排除。

案例 5：超程解除后报警无法消除的故障诊断与排除

故障现象：机床+Z 轴向超程，产生报警，复位消除报警，按下超程解除按钮移动机床离开极限位置，松开超程释放按钮后，又产生报警。

故障排查:

已经离开了超程的极限位置,依然产生超程报警,首先怀疑限位开关是不是出了问题。

(1)查看机床控制的电气原理图。

先查找 Z 轴限位开关的输入信号接到了哪个输入继电器上,如图 3.20 所示。

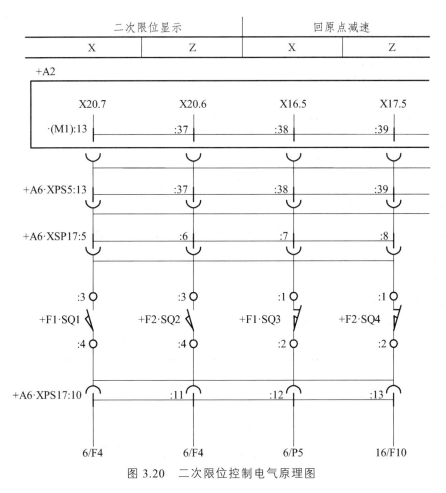

图 3.20 二次限位控制电气原理图

从图 3.20 可以看出,Z 轴限位开关的信号接入输入继电 X20.6。

(2)打开梯形图。

选择 "SYSTEM" → "PMC" → "PMCLAD",输入 X20.6,选择 "SEARCH",打开梯形图,如图 3.21 所示。可以看出现在的位置不是极限位置的情况下,X20.6 输入继电依然得电,证明行程限位开关可能出现故障,有可能是触头不能复位。拆下行程限位开关,压下触头,发现不能复位,证明是行程限位开关的故障。重新换一个行程开关装上,"alarm"红灯灭掉,超程故障排除。所以故障根源就是行程限位开关的触头不能复位。

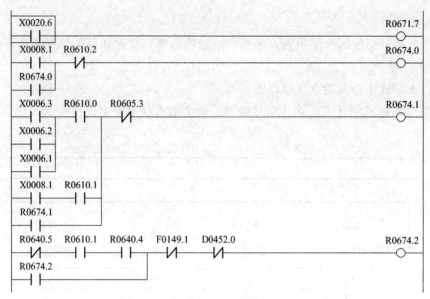

图 3.21　限位开关信号控制梯形图

案例 6：车床卡盘正反卡选择开关故障诊断与排除

故障现象：卡盘夹紧方向选择无效，无论正反卡控制开关拨上去或者拨下来，都只能是张开为夹紧，收缩为松开。

故障排查：

（1）查看机床控制的电气原理图。

从图 3.22 可以看出，正反卡选择开关接输入继电 X4.7。

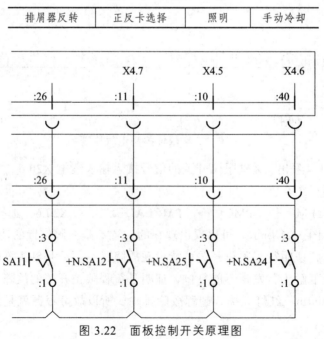

图 3.22　面板控制开关原理图

（2）打开梯形图。

选择"SYSTEM"→"PMC"→"PMCLAD"，输入 X4.7，选择"SEARCH"，打开梯形图，如图 3.23 所示。

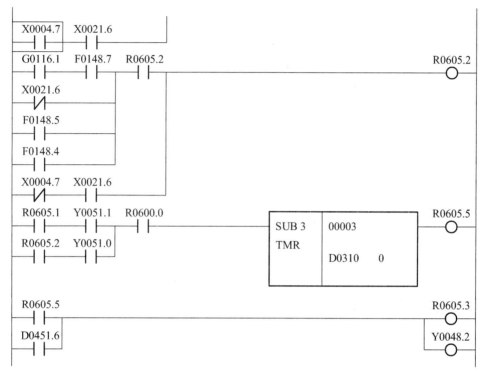

图 3.23 正反卡控制梯形图

当正反卡控制开关扳拨上去或者拨下来，输入继电器 X4.7 的常开触点和常闭触点都没有变化，常开触点还是常开状态，常闭触点还是常闭状态，说明正反卡开关 SA12 出现故障。

断电后，将正反卡开关 SA12 换下，换上新的开关，重新启动机床后，故障排除。所以故障根源就是正反卡控制开关 SA12 出现了开关不动作故障。

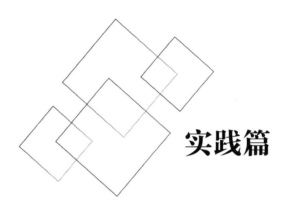

实践篇

4　数控机床刀架故障诊断与维修

4.1　数控机床刀架的种类

4.1.1　数控机床刀架概述

数控刀架是数控车床最普遍的一种辅助装置，它可使数控车床在工件一次装夹中完成多种甚至所有的加工工序，以缩短加工的辅助时间，减少加工过程中由于多次安装工件而引起的误差，从而提高机床的加工效率和加工精度。

1. 数控刀架的发展趋势

随着数控车床的发展，数控刀架开始向快速换刀、电液组合驱动和伺服驱动方向发展。

目前国内数控刀架以电动为主，分为立式和卧式两种。立式刀架有四、六工位两种形式，主要用于简易数控车床；卧式刀架有八、十、十二等工位，可正、反方向旋转，就近选刀，用于全功能数控车床。另外卧式刀架还有液动刀架和伺服驱动刀架。

数控刀架的市场分析：国产数控车床今后将向中高档发展，中档采用普及型数控刀架配套，高档采用动力型刀架，兼有液压刀架、伺服刀架、立式刀架等品种，近年来需要量可达 10 000 ~ 50 000 台。

2. 发展方向

一是高速、可靠，追求的目标是换刀时间尽量地短，以换取加工中心和车削中心的高效性；

二是简单实用、造价低、使用可靠，但换刀速度不快。

3. 数控刀架的开发应用

数控刀架是以回转分度实现刀具自动交换及回转动力刀具的传动。因此技术含量高，已趋向专业化开发生产。所以对数控转塔刀架的研究开发及应用已引起数控机床行业重视。典型数控转塔刀架一般由动力源（电机或油缸、液压马达）、机械传动机构、预分度机构、定位机构、锁紧机构、检测装置、接口电路、刀具安装台（刀盘）、动力刀座等组成。数控转塔刀架的动作循环为：T 指令（换刀指令）—刀盘旋转—刀位检测—预分—精确定位—刀盘锁紧—结束信号。

4. 数控刀架的功能

数控机床上的刀架是安放刀具的重要部件，许多刀架还直接参与切削工作，如卧式车床上的四方刀架，转塔车床的转塔刀架，回轮式转塔车床的回轮刀架，自动车床的转塔刀架和天平刀架等。这些刀架既安放刀具，而且还直接参与切削，承受极大的切削力作用，所以它往往成为工艺系统中较薄弱的环节。随着自动化技术的发展，机床的刀架也有了许多变化，特别是数控车床上采用电（液）换位的自动刀架，有的还使用两个回转刀盘。加工中心则进一步采用了刀库和换刀机械手，定现了大容量存储刀具和自动交换刀具的功能，这种刀库安放刀具的数量从几十把到上百把，自动交换刀具的时间从十几秒减少到几秒甚至零点几秒。因此，刀架的性能和结构往往直接影响到机床的切削性能、切削效率，体现了机床的设计和制造技术水平。

5. 基本要求

（1）换刀时间短，以减少非加工时间。

（2）减少换刀动作对加工范围的干扰。

（3）刀具重复定位精度高。

（4）识刀、选刀可靠，换刀动作简单可靠。

（5）刀库刀具存储量合理。

（6）刀库占地面积小，并能与主机配合，使机床外观协调美观。

（7）刀具装卸、调整、维修方便，并能得到清洁的维护。

4.1.2 数控机床刀架类型

按换刀方式的不同，数控车床的刀架系统主要有回转刀架、排式刀架和带刀库的自动换刀装置等多种形式，下面对这 3 种形式的刀架作简单的介绍。

1. 排式刀架（见图 4.1）

排式刀架一般用于小规格数控车床，以加工棒料或盘类零件为主。其结构形式为夹持着各种不同用途刀具的刀夹沿着机床的 X 坐标轴方向排列在横向滑板上。这种刀架在刀具布置和机床调整等方面都较为方便，可以根据具体工件的车削工艺要求，任意组合各种不同用途的刀具，一把刀具完成车削任务后，横向滑板只要按程序沿 X 轴移动预先设定的距离后，第二把刀就到达加工位置，这样就完成了机床的换刀动作。这种换刀方式迅速省时，有利于提高机床的生产效率。

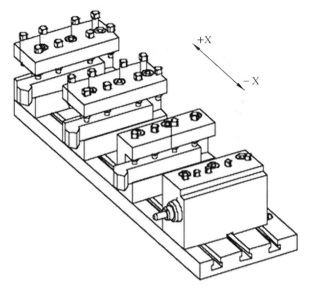

图 4.1　排式刀架

2. 回转刀架（见图 4.2）

回转刀架是数控车床最常用的一种典型换刀刀架，一般通过液压系统或电气系统来实现机床的自动换刀动作，根据加工要求可设计成四方、六方刀架或圆盘式刀架，并相应地安装 4 把、6 把或更多的刀具。回转刀架的换刀动作可分为刀架抬起、刀架转位和刀架锁紧等几个步骤。它的动作是由数控系统发出指令完成的。回转刀架根据刀架回转轴与安装底面的相对位置，分为立式刀架和卧式刀架两种。

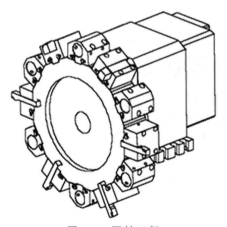

图 4.2　回转刀架

3. 带刀库的自动换刀装置（见图 4.3）

上述排刀式刀架和回转刀架所安装的刀具都不可能太多，即使装备两个刀架，刀具的数目也有一定限制。当由于某种原因需要数量较多的刀具时，应采用带刀库的自动换刀装置。带刀库的自动换刀装置由刀库和刀具交换机构组成。

图 4.3 盘式刀库

按控制方式分为电动刀架、液压刀架、液压伺服刀架 3 类。

1. 电动刀架（见图 4.4）

目前此类刀架仍被广泛地采用，特别是在我国，仍是数控车床配置的主流。全电动刀架的主要优点是结构紧凑、体积小、控制简单，也不须另设液压装置，使用时避免了漏油造成的污染。但此类刀架也有其不足，主要问题是结构复杂、故障率高、不易维修、刀盘锁紧力小不适宜重切削、驱动电机易过载烧损、译码系统在车削振动下易损坏和分度转位速度不易提高。

图 4.4 电动刀架

2. 液压刀架（见图 4.5）

该刀架技术的核心是采用了带有自身可顺序控制的，有自动加减速功能和可在内部实现粗分度预定位的，称为"集成式液压分度马达"的装置。此类刀架刀盘的抬起与锁紧采用了液压油缸装置，较之电动刀架具有结构简单、分度速度快、转位平稳可靠、适宜重切削等优点。但也存在刀架对液压油源的质量要求较高、刀架转位速度受油温的影响产生波动及价格较高、调整维护较复杂的缺点。此类刀架在日本和我国台湾产的数控车床上应用较广泛，国内也有几家机床厂采用。另外，德国的 SAUTER 公司等亦有规格完整的系列产品销售。由于使用液压力驱动液压马达带动刀盘转位，承受刀盘及刀具系统自重和重切削的过载能力强，因而在大规格重型数控车床上，其优点更为突出。

图 4.5　液压刀架

3. 液压伺服刀架（见图 4.6）

液压伺服刀架最突出的特点是全面吸收了电动刀架（第一代），全液压刀架（第二代）的优点，而在最大程度上克服了这两种刀架的缺点，使数控车床刀架的所有指标：可靠性、易维修性、刚性、转位速度和转位的平稳性、精度等几乎都有较大提高。液压伺服刀架最主要的优点如下：

（1）由于采用 AC 伺服电机驱动刀架分度传动机构，大幅度简化了结构，提高了机械部分的易维修性和可靠性。

（2）由于伺服电机速度通过参数设定，可人为控制分度启动时的加速曲线特性和停止时的减速曲线特性，使分度速度提高的同时，动作更平滑、稳定，刀盘定位精度更高。

图 4.6　液压伺服刀架

（3）由于伺服电机具有优良的过载特性，在刀具重量大或刀具安装偏载的极端情况下，也能胜任正常工作。

（4）由于刀号译码系统采用伺服电机内置的绝对位置编码器，不须在外部再加装角度编码器等译码装置即能实现刀盘的逻辑转位及就近选刀，简化了译码机构，提高了可靠性。

（5）由于采用液压油缸控制刀盘的抬起和锁紧，动作简单且刀盘锁紧力大，除提高了刀架的分度速度外，也消除了全电动刀架由于刀盘锁紧力小而在进行大余量车削时刀尖的微颤现象，使刀具寿命及加工效率得到提高。

（6）刀架内部分度传动链降速比不必是刀架刀位数的整数倍，通过伺服控制单元上的柔性变比参数功能可选任意的传动比。例如，机械分度传动链降速比是 1∶12 时，既能适应 12 刀位数，也能适应 10 刀位和 8 刀位，使在最小机械结构变动的情况下可满足多种刀位数的要求。

目前液压伺服刀架推广应用的最大问题是价格较前两代刀架略有上升，但无疑采用液压伺服刀架是数控车床技术的一次升级，是数字化技术在数控车床上应用的一次扩展，其大范围应用的主流趋势日渐明显。

按工位数可分为四工位、六工位、八工位、十工位、十二工位等，选用刀架时应根据工件类型、工艺内容和车床形式综合考虑。

4.2 数控机床四工位电动刀架工作原理

电动刀架作为数控车床的重要配置，在机床运行工作中起着至关重要的作用，一旦出现故障很可能使工件报废，甚至造成卡盘与刀架碰撞的事故，而且刀架故障在数控车床故障中占有很大的比例，常常包括电器方面、机械方面以及液压方面的问题。

4.2.1 电动刀架简介

四工位电动刀架（见图 4.7）正常情况下可以安装 4 把刀，它接收脉冲电波指令工作。刀架内部有一端带涡轮的蜗杆刀架和底座接触面上各有一个端面齿轮和两个限位块。正常情况下两个端面齿轮是咬合的，底座上面装有电动机并有连轴蜗杆，当接收到换刀指令时电动机正转蜗杆带动涡轮同时刀架蜗杆转动使刀架上升，端面齿轮分离，当刀架升高到一定程度时刀架连同刀架蜗杆一起旋转，旋转 90°后遇到限位块阻挡，当电动机受阻力量达到一定时开始反转，自然刀架下降于底座端面齿轮咬合，限位块锁死完成换刀。

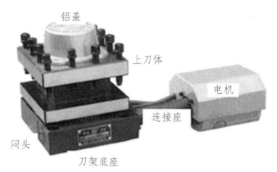

图 4.7　四工位电动刀架

（1）松开：刀架电动机与刀架内一蜗杆相连，刀架电动机转动时与蜗杆配套的涡轮转动，此涡轮与一条丝杠为一体的（称为"涡轮丝杠"）当丝杠转动时会上升（与丝杠旋合的螺母与刀架是一体的，当松开时刀架不动作，所以丝杠会上升），丝杠上升后使位于丝杠上端的压板上升即松开刀架。

（2）换刀：刀架松开后，丝杠继续转动刀架在摩擦力的作用下与丝杠一起转动即完成换刀。

（3）定位：在刀架的每一个刀位上有一个用永磁铁做的感应器，当转到系统所需的刀位时，磁感应器发出信号，刀架电动机开始反转。

（4）锁紧：刀架用类似于棘轮的机构安装，只能沿一个方向旋转，当丝杠反转时刀架不能动作，丝杠就带着压板向下运动将刀架锁紧，换刀完成（电动机的反转时间是系统参数设定的，不能过长不能太短，过长电动机容易烧坏，太短刀架不能锁紧）。

4.2.2　电动刀架工作原理

需要换刀时，控制系统发出刀架转位信号，刀架电机正向旋转，通过蜗杆副带动螺杆正向转动，与螺杆配合的上刀体逐渐抬起，上刀体与下刀体之间的端面齿慢慢脱开；与此同时，上盖圆盘也随着螺杆正向转动（上盖圆盘通过圆柱销与螺杆连接），当转过约 270° 时，上盖圆盘直槽的另一端转到圆柱销的正上方，由于弹簧的作用，圆柱销落入直槽内，于是上盖圆盘就通过圆柱销使得上刀体转动起来（此时端面齿已完全脱开）。上盖圆盘、圆柱销以及上刀体在转动过程中，反靠销能够从反靠圆盘中十字槽的左侧斜坡滑出，而不影响上刀体寻找刀位时的正向转动。上刀体带动磁铁转到需要的刀位时，发信盘上对应的霍尔元件输出低电平信号，控制系统收到后，立即控制刀架电动机反转，上盖圆盘通过圆柱销带动上刀体开始反转，反靠销马上就会落入反靠圆盘的十字槽内，至此，完成粗定位。此时，反靠销从反靠圆盘的十字槽内爬不上来，于是上刀体停止转动，开始下降，而上盖圆盘继续反转，其直槽的左侧斜坡将圆柱销的头部压入上刀体的销孔内，之后，上盖圆盘的下表面开始与圆柱销的头部滑动。在此期间，上、下刀体的端面齿逐渐啮合，实现精定位，经过设定的延时时间后，刀架电动机停转，整个换刀过程结束。由于蜗杆副具有自锁功能，所以刀架可稳定地工作。

4.2.3　刀架发信盘工作原理

发信盘内部根据刀架工位数设有 4 个或 6 个霍尔元件，并与固定在刀架上的磁铜共同作用来检测刀具的位置。

1. 发信盘内部结构和工作原理

四工位发信盘共有 6 个接线端子，2 个端子为直流电源端，其余 4 个端子按顺序分别接 4 个刀位所对应的霍尔元件的控制端，根据霍尔传感器的输出信号来识别和感知刀具的位置状态。

2. 霍尔器件结构和检测

刀架发信盘内部核心元件是霍尔器件（hall-effectdevices），它是由电压调整器、霍尔电压发生器、差分放大器、史密特触发器和集电极开路的输出级集成的磁敏传感电路，其输入为磁感应强度，输出是一个数字电压信号。检测霍尔开关器件时，将器件的 1、2 引脚分别接到直流稳压电源（可选 20 V）的正负极，指针式万用表在电阻挡（×10）上，黑表笔接 3 引脚，红表笔接 2 引脚，此时万用表的指针没有明显偏转。当用磁铁贴近霍尔器件标志面时，指针有明显的偏转（若无偏转可将磁铁调换一面再试），磁铁离开指针又恢复原来位置，表明该器件完好，否则该器件已坏。

4.2.4　数控车床刀架常见故障

刀架作为数控车床的重要配置，在机床运行中起着至关重要的作用，一旦出现故障很可能造成工件报废，甚至发生卡盘与刀架碰撞的事故。在数控机床的故障维修中，电气控制部分线路复杂，故障现象多变，有些故障现象不太明显，查找难度比较大，而机械部分与普通机床比较类似，故障相对容易排除。刀架一般有四工位或六工位，由电动机、机械换刀机构、发信盘等组成，当系统发出换刀信号，刀架电机正转，通过减速机构和升降机构将上刀体上升至一定位置，离合盘作用，带动上刀体旋转到所选择刀位，发信盘发出刀位到位信号，刀架电机反转，完成初定位后上刀体下降，齿牙盘啮合，完成精确定位，并通过升降机构锁紧刀架。

刀架出现故障时就会出现下列现象：① 刀架转不到位；② 刀架奇偶报警；③ 刀架定位不准。④ 刀架不转位。现就这 4 种故障现象分别说明。

（1）刀架转不到位。

检查与分析：发信盘触点与弹簧片触点错位，应检查发信盘夹紧螺母是否松动。

排除方法：重新调整发信盘与弹簧触点位置，锁紧螺母。

（2）刀架奇偶报警。

检查与分析：机床在使用过程中发生刀架奇偶报警，奇数刀位能定位，而偶数刀位不能定位。此时，机床能正常工作，从宏观上分析数控系统没故障。从机床电路图中得知 PLC 信号从机床侧输入，角度编码器有 5 根信号丝。这是一个 8421 编码，在刀架转换过程中，这 4 位根据刀架的变化而进行不同的组合，从而输出刀架的奇偶信号。根据故障现象分析，当角度编码器最低位 634 号线信号恒为"1"时，则刀架信号恒为奇数，而无偶数信号，故产生报警。根据上述分析，将 CRT 上 PLC 输入参数调出观察，该信号果然恒为"1"。检查 NC 输入电压正常，证实角度编码器发生故障。

排除方法：更换新的集成电路块后，故障排除。

（3）刀架定位不准。

检查与分析：电动刀架旋转后不能正常定位，且选择刀号出错。根据检查怀疑是电动刀架的定位检测元件——霍尔开关损坏。拆开电动刀架的端盖，检查霍尔元件开关时，发现该元件的电路板松动。

排除方法：重新将松动的电路板按刀号调整好，即将 4 个霍尔元件开关与感应元件逐一对应，然后锁紧螺母，故障排除。

（4）刀架不转位（一般系统会提示架位置信号错误）。

检查与分析：刀架继电器过载后断开。刀架电动机 380 V 相位错误。由于刀架只能顺时针转动（刀架内部有方向定位机械机构），若三相位接错，刀架电动机一通电就反转，则刀架不能转动。刀架电动机三相电缺相，刀架位置信号所用的 24 V 电源故障，刀架体内中心轴上的推力球轴承被轴向定位盘压死，轴承不能转动，使得刀架电动机不能带动刀架转动。拆下零件检查原因，发现由于刀架转位带来的振动，使得螺钉松动，定位键长时间承受正反方向的切向力损坏，螺母和定位盘向下移动，给轴承施加较大轴向力，使其不能转动。控制系统内的"系统位置板"故障，刀架到位后，"系统位置板"应能检测到刀架位置信号。排除方法：检查机床强电线路，拆开刀架，调整推力球轴承向间隙，更换损坏零件，检查 24 V 电源，更换"系统位置板"。

总之，电动刀架的控制涉及机械、低压电器、PLC、传感器等多学科知识，维修人员应熟知刀架的机械结构与控制原理以及常用测量工具的使用方法，根据故障现象，剖析原因，确定合理的诊断与检测步骤，以便迅速排除故障。

4.3　数控机床刀架故障诊断与维修

本系统采用 LD4-0620 型电动刀架，LD4-0620 型电动刀架由销盘、内端齿、外端齿盘组合而成的三端齿定位机构，采用单相交流电机驱动，蜗轮蜗杆传动，齿盘啮合，螺杆夹紧的工作原理。当系统没有发出要刀信号时，发讯盘内当前刀位的霍尔元件处于低电平状态。当系统要求刀架转到某一刀位时，系统输出正转信号，正转继电器得电吸合，相应的接触器得电吸合，刀架正转。当刀架转至所需刀位时，该刀位的霍尔元件在磁钢作用下，产生低电平信号，这时刀架正转信号断开，系统输出反转信号，反转继电器得电吸合，相应的接触器得电吸合，刀架反转，刀架反转到位后，刀架电机停止，完成一次换刀控制过程。注意：换刀过程中两个接触器不能同时动作。

刀架动作顺序：换刀信号—电机正转—上刀体转位—到位信号—电机反转—粗定位—精定位夹紧—电机停转—换刀完毕应答信号—加工继续进行。

电动刀架发讯盘刀位信号引出线定义如表 4.1 所示。

表 4.1　电动刀架发讯盘刀位信号引出线定义

端子名称	24 V	0 V	T1	T2	T3	T4
端子颜色	红	绿	黄	橙	蓝	白

由于电动刀架霍尔开关的驱动能力有限，数控系统不能识别对应的刀位信号，该装置利用继电器模块进行了电平转换。

4.3.1　电动刀架主回路（见图 4.8）

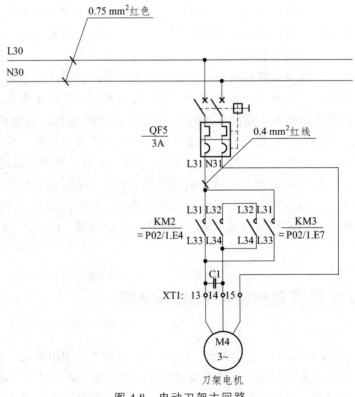

图 4.8　电动刀架主回路

1. 刀架主回路分析

断路器 QF5 在刀架主回路，既可以起通断刀架主回路 220 V 电源的作用，又可以对刀架主回路起到短路和过载保护；接触器 KM2、KM3 用来实现单相电机的正反转控制，当接触器 KM2 主触头闭合、KM3 主触头断开，刀架电机正转，启动换刀，当接触器 KM2 主触头断开、KM3 主触头闭合，刀架电机反转，使刀架反转并锁定在对应的刀位。

2. 单相电机正反转工作原理

单相电机用途广，种类多，但原理相同（见图 4.9），如一般单相电动机、电风扇、鼓风机、单相水泵等。由于水泵、电扇、鼓风机都是规定了转向的，电机出线为 3 根，并且电容已配接好，接线端子一般只留两个，不管零线火线，接上就为正转，但是如果维修过的电机和更换电容后接线容易混乱，就要进行重新接线和试验，直到满足所需转向，有的电机运转需要更换方向，一般的单相电机有 3 个或 4 个抽头，这样的电机是可以根据需要改变运转方向的，如洗衣设备。

单相电机由于不像三相电机一样三组线圈空间位置相互存在相位角，故能够形成旋转磁场，只要通上额定电压的三相电即可向一定方向旋转，要想改变旋转方向，只需将其中任意两个进线对调即可。

单相电机是靠一组主线圈和一组启动线圈串联一定容量的电容（电容耐压要符合要求，容量要与电机设计相匹配），形成相位差，产生旋转磁场。要改变其旋转方向有两种方法：

（1）改变主线圈和副线圈与电容串联后的接线方式，如图 4.9 所示。

（2）对于只有三个抽头的单相电机不宜采取图 4.10 方法时可以利用图 4.11 方法来实现正反转。首先区分哪是公共接线端，然后将另外两端电容串联，再将电源的一根线接到公共端，另一根接到电容，要更改方向只需将接电容的电源线改接到电容的另一端即可。

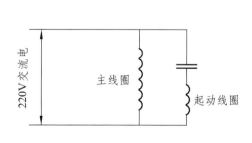

图 4.9　单相电机原理图

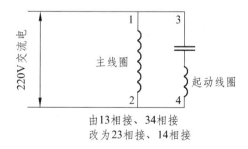

由13相接、34相接
改为23相接、14相接

图 4.10　单相电机正反转接线图

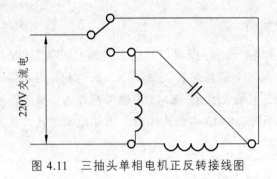

图 4.11 三抽头单相电机正反转接线图

4.3.2 电动刀架控制回路

如图 4.12 所示，接触器 KM2 控制刀架的正转，接触器 KM3 控制刀架的反转；继电器 KA4 常开触点闭合，接触器 KM2 线圈得电，刀架电机正转；继电器 KA5 常开触点闭合，接触器 KM3 线圈得电，刀架电机反转；刀架正转控制回路和刀架反转控制回路分别接有 KM3 和 KM2 常闭触头，起互锁的作用，避免电机正转的时候不会出现反转的情况，反转的时候不会出现正转的情况。

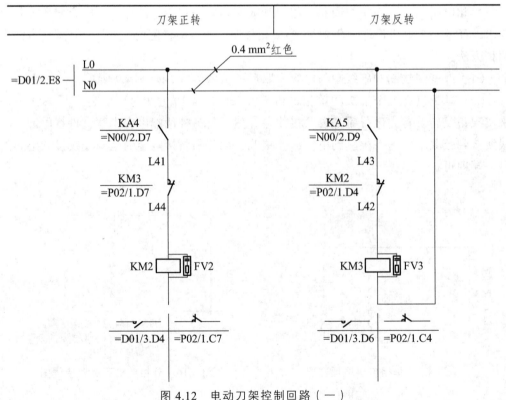

图 4.12 电动刀架控制回路（一）

如图 4.13 所示，当按下数控系统操作面板上的换刀按钮时，PLC 输出继电 Y1.6 得电，KA4 线圈得电，控制刀架电机正转；当刀架转到相应的刀位时，对应刀位的霍尔传感器发出控制信号，使 PLC 输出继电 Y1.7 得电，KA5 线圈得电，控制刀架电机反转，将刀架锁住在对应的刀位。

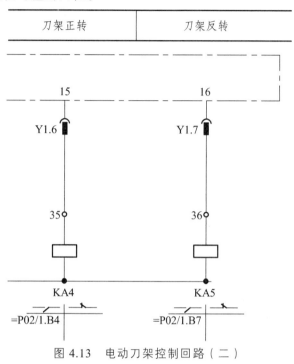

图 4.13　电动刀架控制回路（二）

如图 4.14 所示，四工位电动刀架发询盘有 4 个刀位的信号分别对应 T1（对应 1

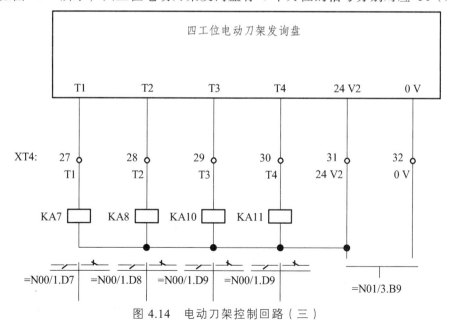

图 4.14　电动刀架控制回路（三）

号刀位）、T2（对应 2 号刀位）、T3（对应 3 号刀位）、T4（对应 4 号刀位），这 4 个信号是刀架上霍尔传感器的输出信号，没有转到相应的刀位上，霍尔传感器对应的输出信号是高电平，转到相应的刀位上，霍尔传感器对应的信号输出低电平；图中分别通过霍尔传感器的 4 个输出信号控制 4 个继电器 KA7、KA8、KA10、KA11，当转到对应的刀位，相应的刀位对应的继电器线圈会得电，假如转到 2 号刀位，继电器 KA8 线圈会得电。

刀架中的霍尔传感器是开关型输出：当接近磁性物体时，开关为一种固定状态（高电平或低电平）；远离磁性物质时，开关为一种另一种固定状态（低电平或高低电平）；开关的灵敏度取决于开关本身的档次和使用电源的电压及磁铁的磁性。可以通过改变供电电压、与磁铁的距离、磁铁的磁性制作灵敏度曲线。

如图 4.15 所示，KA7、KA8、KA10、KA11 的常闭触头分别连接到 PLC 的 X1.7、X2.0、X2.1、X2.2 输入端子上，转到相应的刀位，通过霍尔传感器输出开关量信号，通过 KA7、KA8、KA10、KA11 将刀位信号传递到 PLC 的输入端子上。假如转到 1 号刀位，KA7 继电器线圈会得电，X1.7 输入继电掉电，代表刀架转到 1 号刀位。

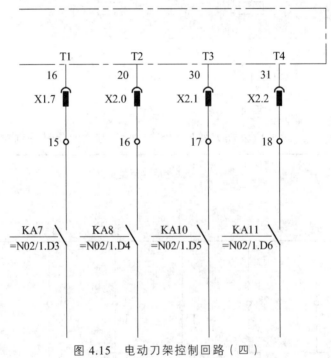

图 4.15　电动刀架控制回路（四）

4.3.3　电动刀架控制梯形图分析

系统上电运行，中间继电 R1.0 得电，调用换刀控制子程序 P159，如图 4.16 所示。

网络1
逻辑'1'

```
R1.0                                    R1.0
─┤├─────────────────────────────────────○──
R1.0
─┤/├─
```

网络2
机床IO输入信号

```
R1.0                                    R100
─┤├─────────────────────────────────────CALL
```

网络3
换刀控制

```
R1.0                                    R159
─┤├─────────────────────────────────────CALL
```

图 4.16　换刀控制子程序

数控系统操作面板按下手动方式，R280.4 得电；手动方式下未按下换刀，未进入换刀状态，R24.0 复位；系统未报警，没有按复位按钮，R110.0 保持常闭状态；没有进入手动换刀状态以及主轴速度功能未选通、辅助功能未选通的状态下，G4.3 不会得电；按下手动换刀，X22.0 得电，同时 R522.0 得电，G44.7 得电，进入换刀状态；进入换刀状态后，F7.3 得电，控制 Y19.0 得电，换刀指示灯亮；保持型继电 K11.0、K11.1 预先设置为 00，表示选用的是普通刀架，而且刀具的数量不超过 8 把（如果刀具的数量超过 8 把，A1.4 会得电），A1.4 常闭保持常闭的状态，满足这样的条件下，置位 R100.7，调用 P160 普通换刀逻辑子程序。过程如图 4.17 所示。

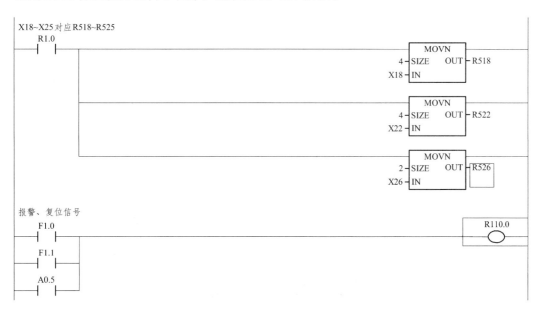

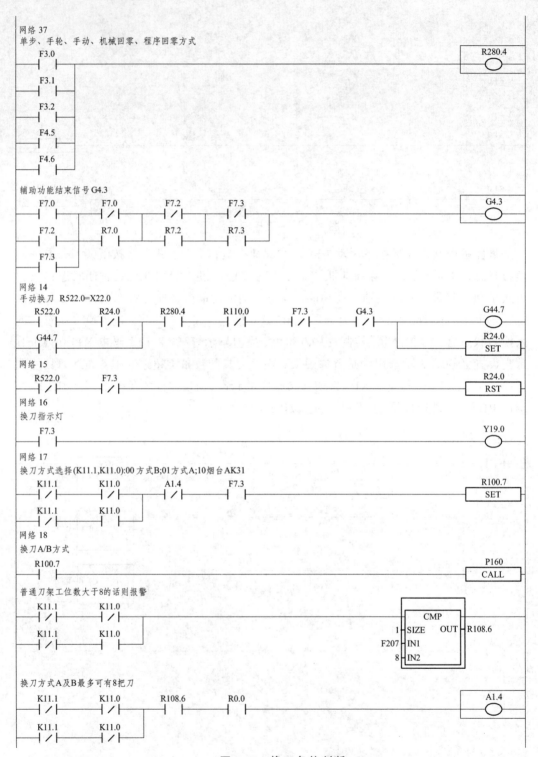

图 4.17　换刀条件判断

P160 普通换刀逻辑子程序先调用普通刀架输入信号子程序（P168），确定目前刀位号。如果在 1 号刀位 R402.0 掉电，如果在 2 号刀位 R402.1 掉电，如果在 3 号刀位 R402.2 掉电，如果在 4 号刀位 R402.3 得电，通过查表 CODB 指令将当前的刀位号存入中间继电 R442 中。控制中间继电 R402.2 的梯形图中加了 R207.2 的常闭触头，表示目前的刀具总数不止 2 把刀具；控制中间继电 R402.2 的梯形图中加了 R207.2、R207.3 的常闭触头，表示目前的刀具总数不是 2 把，也不是 3 把，不止 3 把刀具（见图 4.18）。

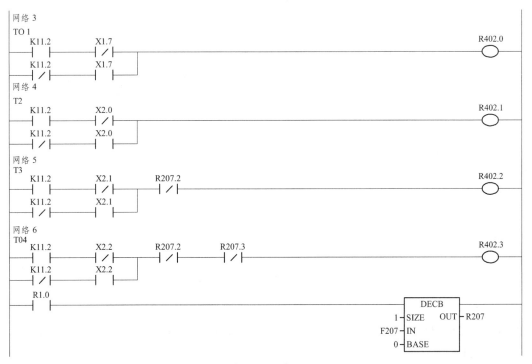

图 4.18　普通刀架输入信号程序

　　R261.1 是刀架的锁紧信号，因为保持型继电 K11.3 设置为 0，表示锁紧信号不检测，所以当系统上电，PLC 运行后，锁紧信号 R261.1 得电（见图 4.19）。

图 4.19　锁紧信号

判定当前刀位号与目标刀位是否一致，当前刀位号存在 R442 中，目标刀位存在 F26 中如果当前的刀位与目标刀位不一致：目标刀位号的值大于当前刀位号的值，R426.3 被置位；目标刀位号的值等于当前刀位号的值，R426.4 被置位；目标刀位号的值小于当前刀位号的值，R426.5 被置位；当前的刀位与目标刀位不一致（R426.4 用常闭触头），在换刀的状态下（F7.3 为 ON），没有按复位键（F1.1 为常闭），R260.1 得电，调用 P161 子程序（普通换刀第一步）。判断过程如图 4.20 所示。

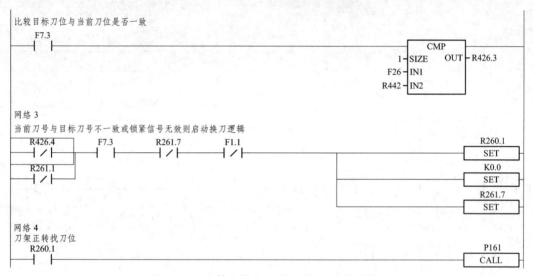

图 4.20　当前刀位与目标刀位一致性判断

先判定目前的刀位和目标刀位是否一致，如果刀位一致，复位 R260.1，置位 R260.2；如果刀位不一致，R426.1 掉电，R601.6 得电，Y1.6 得电，启动刀架电机正转（见图 4.21）。

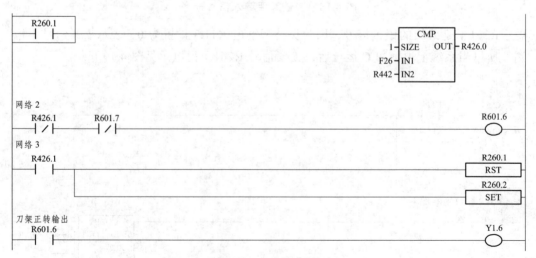

图 4.21　刀架正转

当目前的刀位与目标刀位一致，R260.2 得电，调用子程序 P162（见图 4.22）。

图 4.22 调用 P162

子程序 P162，首先刀架电机正转停止，通过 R261.0 常闭触头启动定时器 T7 延时 50 ms，延时时间到，置位 R260.3，复位 R260.2（见图 4.23）。

网络 1
R261.0 ─── R260.2 RST
            R260.3 SET

网络 2
正转停到反转输出延时
R261.0 ─── TMRB
T7 ─ T   OUT ─ R261.0
DT7 ─ PT

图 4.23 子程序 P162

R260.3 得电，调用子程序 P163（见图 4.24）。

反转锁紧
R260.3 ─── P163 CALL

图 4.24 调用 P163

子程序 P163，刀架正转停止的情况下，延时之后，R261.2 在系统上电后，常闭保持常闭状态，刀架停止正转，R601.6 掉电，常闭触头保持常闭状态，系统未确认锁紧状态，R261.5 未得电，常闭触头保持常闭状态，R601.7 得电，Y1.7 得电，启动刀架电机反转；同时在系统上电后，锁紧信号 R261.1 是得电状态，R262.0 得电，同时 R601.7 得电，启动定时器延时，延时时间到，R261.2 置位，刀架电机停止反转（R261.2 常闭触头断开），同时 R260.4 置位（见图 4.25）。

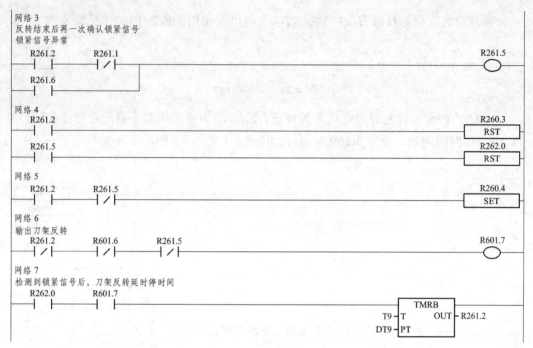

图 4.25　子程序 P163

R260.4 置位，调用子程序 P164（见图 4.26）。

图 4.26　调用 P164

子程序 P164，判定目前刀位是否是设定刀位，如果是，R426.1 得电，K0.0、R260.4 复位（见图 4.27）。

网络 1
F7.3

CMP
1 — SIZE　　OUT — R426.0
F26 — IN1
R442 — IN2

网络 2
K11.5换刀结束时是否检查刀位信号
R426.1
K0.0
RST
K11.5
R260.4
RST

图 4.27　子程序 P164

进入手动换刀后，启动定时器 T4，在设定的时间内（15 s）未完成换刀，通过 A0.0 报警（见图 4.28）。

图 4.28 换刀时间过长报警

电动刀架控制梯形图中部分符号的意义和设置见表 4.2 ~ 4.7。

表 4.2 XY 符号表（部分）

X0001.0	刀位信号 T06/烟台刀架选通信号/六金刀架 Sensor F
X0001.1	刀位信号 T07/烟台刀架预分度输入
X0001.2	刀位信号 T08/刀台过热
X0001.3	Z 轴减速信号
X0001.4	外接循环启动
X0001.5	主轴自动换挡第 1 挡到位信号
X0001.6	主轴自动换挡第 2 挡到位信号
X0001.7	刀位信号 T01
X0002	EXHP TCP DEC5/HDIT DEC4/LUBS DECY T04 T03 T02
X0002.0	刀位信号 T02
X0002.1	刀位信号 T03
X0002.2	刀位信号 T04
X0002.3	Y 轴减速信号
X0002.4	第 4 轴减速信号/润滑油位低检测信号

表 4.3 K 值符号表（部分）

K0002	工作方式保持寄存器
K0010	LMIT LMIS *** JSPD OVRI *** RSJG RRW
K0010.0	复位时光标返回程序开头在 0：编辑方式下有效 2：所有工作方式下有效
K0010.1	复位时主轴润滑冷却输出 0：关闭 1：保持不变
K0010.3	讲给倍率 0：可通过倍率开关调节 1：固定为 100%
K0010.4	主轴点动在 0：手轮，回零方式下有效 1：所有工作方式下有效
K0010.6	各轴超程检测信号 0：高电平报警 1：低电平报警

K0011	CHOT *** CHET TCPS CTCP TSGN CTB CHTA
K0011.0	换刀方式选择位 0：00 方式 B：01 方式 A：10 烟台 AK31：11 六鑫
K0011.1	换刀方式选择位 1：00 方式 B：01 方式 A：10 烟台 AK31：11 六鑫
K0011.2	刀位信号 0：高电平有效 1：低电平有效
K0011.3	刀架锁紧信号 0：不检测 1：检测
K0011.4	刀架锁紧信号 0：低电平有效 1：高电平有效
K0011.5	换刀结束时，刀位信号 0：不检测 1：检测
K0011.7	刀架过热信号 0：不检测 1：检测

表 4.4　D、DC、DT 值符号表（部分）：

DC0000	主轴零速输出范围（r/min）
DT0000	主轴自动换挡时关闭原挡位时间（ms）
DT0001	主轴自动换挡到位后，延时结束时间（ms）
DT0002	压力低报警检测时间（ms）
DT0004	换刀允许时间（ms）
DT0005	M 指令执行时间（ms）
DT0006	S 指令执行时间（ms）
DT0007	刀架从正转停到反转输出的延迟时间（ms）
DT0008	刀架锁紧信号检测时间（ms）
DT0009	刀架反转锁紧时间（ms）
DT0010	主轴制动延迟输出时间（ms）
DT0011	主轴制动输出时间（ms）
DT0012	主轴点动时间（ms）
DT0013	手动润滑开启时间（0：润滑不限时）（ms）
DT0014	卡盘夹紧指令执行时间（ms）
DT0015	卡盘松开指令执行时间（ms）
DT0016	自动润滑间隔时间（ms）
DT0017	自动润滑输出时间（ms）
DT0018	卡盘脉冲输出宽度（ms）

表 4.5 D、DC、DT 值设置

DC0000	10	0	2147483647	主轴零速输出范围（r/min）
DT0000	500	0	2147483647	主轴自动换挡时关闭原挡位时间（ms）
DT0001	500	0	2147483647	主轴自动换挡到位后，延时结束时间（ms）
DT0002	2000	0	2147483647	压力低报警检测时间（ms）
DT0004	15000	1000	2147483647	换刀允许时间（ms）
DT0005	300	50	2147483647	M 指令执行时间（ms）
DT0006	300	50	2147483647	S 指令执行时间（ms）
DT0007	50	0	2147483647	刀架从正转停到反转输出的延迟时间（ms）
DT0008	1200	0	2147483647	刀架锁紧信号检测时间（ms）
DT0009	1000	0	2147483647	刀架反转锁紧时间（ms）
DT0010	50	0	2147483647	主轴制动延迟输出时间（ms）
DT0011	50	0	2147483647	主轴制动输出时间（ms）
DT0012	3000	0	2147483647	主轴点动时间（ms）
DT0013	0	0	2147483647	手动润滑开启时间（0：润滑不限时）（ms）
DT0014	1000	50	2147483647	卡盘夹紧指令执行时间（ms）
DT0015	500	50	2147483647	卡盘松开指令执行时间（ms）
DT0016	3600000	0	2147483647	自动润滑间隔时间（ms）
DT0017	6000	0	2147483647	自动润滑输出时间（ms）
DT0018	0	0	2147483647	卡盘脉冲输出宽度（ms）
DT0020	1500	50	2147483647	主轴夹紧/松开时间（ms）

表 4.6 数据设置表（部分）

序号	数据	序号	数据	序号	数据	序号	数据
K0000	00000000	K0011	00110000	K0022	00000000	K0033	00000000
K0001	00000000	K0012	00000000	K0023	00000000	K0034	00000000
K0002	00000000	K0013	00000000	K0024	00000000	K0035	00000000
K0003	00000000	K0014	00000000	K0025	00000000	K0036	00000000
K0004	00000000	K0015	00001001	K0026	00000000	K0037	00000000
K0005	00000000	K0016	01000100	K0027	00000000	K0038	00000000
K0006	00000000	K0017	00000000	K0028	00000000	K0039	00000000
K0007	00000000	K0018	00000000	K0029	00000000		
K0008	00000000	K0019	00000000	K0030	00000000		
K0009	00000000	K0020	00000000	K0031	00000000		
K0010	00000000	K0021	00000000	K0032	00000000		

表 4.7　显示信息表（部分）

地址	报警号	显示内容
A0000.0	1000	换刀时间过长
A0000.1	1001	换刀结束时，发架未到位报警
A0000.2	1002	换刀未完成报警
A0000.3	1003	未检测到锁紧信号报警
A0000.4	1004	换刀完成时，重复检测锁紧信号，锁紧信号无效
A0000.5	1005	系统断电前，掐刀出错
A0000.6	1006	预分度迫近开关未到
A0000.7	1007	刀架过热报警
A0001.0	1008	尾座功能无效，不能执行 M10 和 M11 指令
A0001.1	1009	主轴旋转中，不可以退尾座
A0001.2		
A0001.3	1011	没有检测到尾座时，不能旋转主轴
A0001.4	1012	换刀方式 A 或 B 最多可有 8 把刀
A0001.5	1013	刀具的使用寿命结束
A0001.6	1014	请确认刀架工位数（8、10、12 工位）
A0001.7	1015	请确认刀架工位数（6、8、10、12 工位）
A0002.0	1016	防护门未关，不允许自动运行
A0002.1	1017	压力低报警
A0002.2		
A0002.3	1019	主轴旋转时，不得松开卡盘
A0002.4	1020	主轴旋转时，夹紧到位信号无效报警
A0002.5	1021	卡盘夹紧到位信号无效时，不得启动主轴
A0002.6	1022	卡盘松开，不得启动主轴

4.3.4　电动刀架故障分析

案例 1：刀架不停地转动

故障现象：电气控制柜通电，操作面板上未按下换刀按钮的情况下，刀架转动起来，一直不停，除非电气控制系统断电。

故障分析：

只是把电气控制系统的总开关打开，数控系统并未启动，刀架就不停地正向转动。而且不会停止。根据电气原理图，系统上电后，刀架电机能够正向转动，表明接触器

KM2 的线圈得电了，说明问题可能出在控制回路。接下来排查控制回路，控制回路 KM2 接触器的线圈受 KA4 继电器的常开触头和 KM3 接触器的辅助常闭触头串联控制，KA4 继电器受控于数控系统的 PLC。本故障中数控系统并未启动起来，也就是 PLC 并未控制 KA4 继电器的线圈，KA4 继电器线圈也就未得电；KA4 线圈未得电，常开触头不可能闭合。因此故障原因可能是把 KA4 继电器常开触头误接为常闭触头，造成系统上电后，刀架就开始旋转。

案例 2：数控系统显示换刀时间过长

故障现象：在操作面板上手动方式下，按下换刀按钮，刀架会连续转动，转动一段时间会停下来，数控系统显示换刀时间过长。

故障分析：

刀架连续转动，可能原因出在主回路线路接错，当刀架转到对应的刀位，单相电机不反转，将刀架锁在对应的刀位；也有可能问题出在刀位的控制信号上，霍尔传感器的刀位信号没有传递到 PLC 的输入端子上。结合电气原理图，经排查刀架主回路，线路连接正常导通，没有异常情况，问题可能出在刀位信号没有正常传递给 PLC。

4 个刀位信号控制 4 个继电器，再通过 4 个继电器的常闭触头连接到 PLC 输入端子上。当没有在对应的刀位时，PLC 的输入端子是高电平状态，在对应的刀位是低电平。系统上电，打开数控系统，进入数控系统 PLC 输入输出端子状态监控，观察 PLC 的端子状态，发现 X2.0 始终是低电平，状态异常。经检查二号刀位 T2 信号线虽然已经连接到对应的端子上但是连接松动。

案例 3：刀架不能停在正确的刀位上

故障现象：

系统上电后，按下换刀按钮，观察电气控制柜上 KA4、KA5 继电器指示灯，KA4 继电器指示灯先亮，然后 KA5 继电器指示灯点亮，接触器 KM2 先动作、KM3 后动作。刀架连续转动但不能停在正确的刀位上。

故障分析：

根据故障的现象，可以基本推断出故障不在控制回路上，因为根据电气原理图分析，继电器动作的顺序应该是先 KA4 后 KA5，而在故障现象中也是按这样的动作顺序，故障应该定位在主回路上。

刀架转到相应的刀位应该准确地停在其上，这个过程是通过控制单相电机的正反转来实现的，按一次操作面板上的换刀按钮，刀架会顺时针转到，转到相应的刀位，刀架电机会反转。

故障排查：

根据单相电机正反转控制原理，检查单相电机的主回路，重点检查接触器 KM2、KM3 的接线是否正确。控制单相电机的正反转需要加启动电容，要实现单相电机的正反转，第一次 KM2 主触头闭合时，加电在启动电容的一端，第二次 KM3 主触头闭合时，加电在启动电容的另一端。如果出现加电在启动电容的同一端，刀架电机并没有反转制动，虽然接触器 KM3 闭合，就会出现连续转动的情况。结合刀架主回路图 4.8 进行故障排查，发现实际电路中，KM2 主触头闭合和 KM3 主触头闭合的效果是一样的，不管是哪个接触器的主触头闭合，始终在启动电容的同一端加电，并没有改变启动电容的加电情况，造成了电动刀架连续转动。解决的方法如下：KM3 接触器主触头出线 L33 和 L34 交换位置或者 KM3 接触器主触头入线 L32 和 L31 交换位置，但是入线和出线不能都交换位置。

案例 4：按下换刀按钮，刀架会连续转动一段时间停下来

故障现象：在操作面板上手动方式下，按下换刀按钮，刀架会连续转动，转动一段时间会停下来。

故障分析：

经检查，主电路部分接线完整无误，排除主电路部分的故障。接下来排查控制回路，刀架不能停下来，有可能没有得到控制信号，检查的方法是数控系统上电，打开 PLC 状态监控的页面，观察 X1.7、X2.0、X2.1、X2.2 四个 PLC 输入端子状态变化的情况，因为 X1.7、X2.0、X2.1、X2.2 分别代表了四工位电动刀架四个霍尔传感器的信号。当按下换刀按钮后发现，四个刀位信号没有变化，保持高电平状态，也就是说刀位信号并没有传递过来，所以刀架反转控制不会启动，刀架电机不反转，出现上述的状况。接下来详细排查刀位信号，首先检测转到相应的刀位 T1、T2、T3、T4 信号线有没有输出低电平信号。霍尔传感器输出低电平信号，代表转到对应的刀位，经检测，发现转到任何一个刀位，无低电平信号输出。造成这种现象的原因，有可能是霍尔传感器没有加工作电源，经检测，霍尔传感器 24 V 的工作电源已加上，检查霍尔传感器的线路连接可靠，证明霍尔传感器可能出现问题。进一步把其他设备的正常功能的刀架拆下来，连接到这台设备上，系统工作正常，证明这台刀架的霍尔传感器损坏。更换霍尔传感器，系统工作正常。

案例 5：在操作面板上手动方式下，按下换刀按钮，刀架会连续转动，转动一段时间会停下来

故障现象：接四个刀位控制信号的继电器线圈一端的指示灯不亮（当指示灯亮的时候，代表继电器线圈得电）。

故障分析：

产生这种现象有以下几个原因：继电器线圈一端并未加上 24 V 电压，继电器的线圈未得电；霍尔传感器坏掉，转到对用的刀位，不产生低电平输出信号。

首先用万用表检测继电器线圈一端是否加上了 24 V 的电压，经检测，继电器线圈一端的电压在上电的情况下测出为 0，证明 24 V 的电压并未加上，经检测 24 V 一端连接松动，重新连接，系统工作恢复正常。

5 数控机床主轴系统故障诊断与维修

5.1 主轴驱动系统简介

数控机床的主轴驱动系统也就是主传动系统，它的性能直接决定了被加工工件的表面质量，因此，在数控机床的维修和维护中，主轴驱动系统显得很重要。

5.1.1 主轴驱动系统概述

主轴驱动系统也叫主传动系统，是在系统中完成主运动的动力装置部分。主轴驱动系统通过该传动机构转变成主轴上安装的刀具或工件的切削力矩和切削速度，配合进给运动，加工出理想的零件。它是零件加工的成型运动之一，它的精度对零件的加工精度有较大的影响。

5.1.2 数控机床对主轴驱动系统的要求

机床的主轴驱动和进给驱动有较大的差别。机床主轴的工作运动通常是旋转运动，不像进给驱动需要丝杠或其他直线运动装置做往复运动。数控机床通常通过主轴的回转与进给轴的进给实现刀具与工件的快速相对切削运动。在 20 世纪 60—70 年代，数控机床的主轴一般采用三相感应电动机配上多级齿轮变速箱实现有级变速的驱动方式。随着刀具技术、生产技术、加工工艺以及生产效率的不断发展，传统的主轴驱动已不能满足生产的需要。现代数控机床对主轴传动提出了更高的要求：

1. 调速范围宽并实现无级调速

为保证加工时选用合适的切削用量，以获得最佳的生产率、加工精度和表面质量需要对主轴的转速进行调整。特别对于具有自动换刀功能的数控加工中心，为适应各种刀具、工序和各种材料的加工要求，对主轴的调速范围要求更高，要求主轴能在较宽的转速范围内根据数控系统的指令自动实现无级调速，并减少中间传动环节，简化主轴箱。

目前主轴驱动装置的恒转矩调速范围已可达 1∶100，恒功率调速范围也可达 1∶30，一般过载 1.5 倍时可持续工作达到 30 min。

主轴变速分为有级变速、无级变速和分段无级变速 3 种形式，其中有级变速仅用于经济型数控机床，大多数数控机床均采用无级变速或分段无级变速。在无级变速中，变频调速主轴一般用于普及型数控机床，交流伺服主轴则用于中、高档数控机床。

2. 恒功率范围要宽

主轴在全速范围内均能提供切削所需功率，并尽可能在全速范围内提供主轴电动机的最大功率。由于主轴电动机与驱动装置的限制，主轴在低速段均为恒转矩输出。为满足数控机床低速、强力切削的需要，常采用分级无级变速的方法（即在低速段采用机械减速装置），以扩大输出转矩。

3. 具有四象限驱动能力

要求主轴在正、反向转动时均可进行自动加、减速控制，并且加、减速时间要短。目前一般伺服主轴可以在 1 s 内从静止加速到 6 000 r/min。

4. 具有位置控制能力

即进给功能（C 轴功能）和定向功能（准停功能），以满足加工中心自动换刀、刚性攻丝、螺纹切削以及车削中心的某些加工工艺的需要。

5. 具有较高的精度与刚度、传动平稳、噪声低

数控机床加工精度的提高与主轴系统的精度密切相关。为了提高传动件的制造精度与刚度，采用齿轮传动时齿轮齿面应采用高频感应加热淬火工艺以增加耐磨性。最后一级一般用斜齿轮传动，使传动平稳。采用带传动时应采用齿形带。应采用精度高的轴承及合理的支撑跨距，以提高主轴的组件的刚性。在结构允许的条件下，应适当增加齿轮宽度，提高齿轮的重叠系数。变速滑移齿轮一般都用花键传动，采用内径定心。侧面定心的花键对降低噪声更为有利，因为这种定心方式传动间隙小，接触面大，但加工需要专门的刀具和花键磨床。

6. 良好的抗振性和热稳定性

数控机床加工时，可能由于持续切削、加工余量不均匀、运动部件不平衡以及切削过程中的自振等原因引起冲击力和交变力，使主轴产生振动，影响加工精度和表面粗糙度，严重时甚至可能损坏刀具和主轴系统中的零件，使其无法工作。主轴系统的发热使其中的零部件产生热变形，降低传动效率，影响零部件之间的相对位置精度和运动精度，从而造成加工误差。因此，主轴组件要有较高的固有频率，较好的动平衡，且要保持合适的配合间隙，并要进行循环润滑。

5.1.3 不同类型的主轴系统的特点和使用范围

1. 普通笼型异步电动机配齿轮变速箱

这是最经济的一种方法主轴配置方式,但只能实现有级调速,由于电动机始终工作在额定转速下,经齿轮减速后,在主轴低速下输出力矩大,重切削能力强,非常适合粗加工和半精加工的要求。如果加工产品比较单一,对主轴转速没有太高的要求,配置在数控机床上也能起到很好的效果。它的缺点是噪声比较大,由于电机工作在工频下,主轴转速范围不大,不适合有色金属和需要频繁变换主轴速度的加工场合。

2. 普通笼型异步电动机配简易型变频器

这种组合可以实现主轴的无级调速,主轴电动机只有工作在约 500 r/min 以上才能有比较满意的力矩输出,否则,很容易出现堵转的情况(特别是车床)。一般会采用两挡齿轮或皮带变速,但主轴仍然只能工作在中高速范围,另外因为受到普通电动机最高转速的限制,主轴的转速范围受到较大的限制。

这种方案适用于需要无级调速但对低速和高速都不要求的场合,例如数控钻铣床。国内生产的简易型变频器较多。

3. 普通笼型异步电动机配通用变频器

目前进口的通用变频器,除了具有 U/f 曲线调节,一般还具有无反馈矢量控制功能,会对电动机的低速特性有所改善,配合两级齿轮变速,基本上可以满足车床低速(100~200 r/min)小加工余量的加工,但同样受最高电动机速度的限制。这是目前经济型数控机床比较常用的主轴驱动系统。

4. 专用变频电动机配通用变频器

这种组合一般采用有反馈矢量控制,低速甚至零速时都可以有较大的力矩输出,有些还具有定向甚至分度进给的功能,是非常有竞争力的产品。以先马 YPNC 系列变频电动机为例,电压:三相 200 V、220 V、380 V、400 V 可选;输出功率:1.5~18.5 kW;变频范围 2~200 Hz;30 min 150% 过载能力;支持 V/f 控制、V/f+PG(编码器)控制、无 PG 矢量控制、有 PG 矢量控制。提供通用变频器的厂家以国外公司为主,例如:西门子、安川、富士、三菱、日立等。

中档数控机床主要采用这种方案,主轴传动两挡变速甚至仅一挡即可实现转速在100~200 r/min 左右时车、铣的重力切削。一些有定向功能的还可以应用与要求精镗加工的数控镗铣床,若应用在加工中心上,还不很理想,必须采用其他辅助机构完成定向换刀的功能,而且也不能达到刚性攻丝的要求。

5. 步进电动机主轴驱动系统

步进电动机是一种同步电动机,其结构同其他电动机一样,由定子和转子组成,定子为激磁场，其激磁磁场为脉冲式，即磁场以一定频率步进式旋转，转子则随磁场一步一步前进。步进电动机流行于 20 世纪 70 年代，该系统结构简单、控制容易、维修方面，且控制全数字化。采用能将数字脉冲转化成一个步距角增量的电磁执行元件，能很方便地将电脉冲转换为角位移，具有较好的定位精度，无漂移和无积累定位误差的优点，能跟踪一定频率范围的脉冲列，可作同步电动机使用。随着计算机技术的发展，除功率驱动电路之外，其他部分均可由软件实现，从而进一步简化结构。因此，至今国内外对这种系统仍在进一步开发。

但是步进电动机也有如下缺点：① 由于步进电动机基本上是用开环系统，精度不高，不能应用于中高档数控机床；② 步进电动机耗能大，速度低（远不如交、直流电动机）。因此，目前步进电动机仅用于小容量、低速、精度要求不高的场合，如经济型数控，打印机、绘图机等计算机的外部设备。

6. 伺服主轴驱动系统

伺服主轴驱动系统具有响应快、速度高、过载能力强的特点，还可以实现定向和进给功能，当然价格也高，通常是同功率变频器主轴驱动系统的 2～3 倍以上。伺服主轴驱动系统主要应用于加工中心上，用以满足系统自动换刀、刚性攻丝、主轴 C 轴进给功能等对主轴位置控制性能要求很高的加工。

7. 电主轴

电主轴是主轴电动机的一种结构形式，驱动器可以是变频器或主轴伺服，也可以不要驱动器。电主轴由于电机和主轴合二为一，没有传动机构，因此，大大简化了主轴的结构，并且提高了主轴的精度，但是抗冲击能力较弱，而且功率还不能做得太大，一般在 10 kW 以下。由于结构上的优势，电主轴主要向高速方向发展，一般在 10 000 r/min 以上。

安装电主轴的机床主要用于精加工和高速加工，例如高速精密加工中心。另外，在雕刻机和有色金属以及非金属材料加工机床上也应用较多，这些机床由于只对主轴高转速有要求，因此，往往不用主轴驱动器。

5.1.4　常用的主轴驱动系统介绍

1. FANUC（法那科）公司主轴驱动系统

从 20 世纪 80 年代开始，该公司已使用了交流主轴驱动系统，直流驱动系统已被交流驱动系统所取代。目前三个系列交流主轴电动机为：S 系列电动机，额定输出功率 1.5～37 kW；H 系列电动机，额定输出功率 1.5～22 kW；P 系列电动机，额定输出功率 3.7～37 kW。该公司交流主轴驱动系统的特点为：① 采用处理器控制技术，进行矢量计算，从而实现最佳控制。② 主回路采用晶体管 PWM 逆变器，使电动机电流非常接近正弦波。③ 具有主轴定向控制、数字和模拟输入接口等功能。

2. SIEMENS（西门子）公司主轴驱动系统

SIEMENS 公司生产的直流主轴电动机有 1GG5、1GF5、1GL5 和 1GH5 4 个系列，与这 4 个系列电动机配套的 6RA24、6RA27 系列驱动装置采用晶闸管控制。

20 世纪 80 年代初，该公司又推出了 1PH5 和 1PH6 两个系列的交流主轴电动机，功率为 3 ~ 100 kW。驱动装置为 6SC650 系列交流主轴驱动装置或 6SC611A（SIMODRIVE 611A）主轴驱动模块，主回路采用晶体管 SPWM 变频器控制的方式，具有能量再生制动功能。另外，采用处理器 80186 可进行闭环转速、转矩控制及磁场计算，从而完成矢量控制。同过选件实现 C 轴进给控制，在不需要 CNC 的帮助下，实现主轴的定位控制。

3. DANFOSS（丹佛斯）公司系列变频器

该公司目前应用于数控机床上的变频器系列常用的有 VLT2800，可并列式安装，具有宽范围配接电机功率：0.37 ~ 7.5 kW 200 V/400 V；VLT5000，可在整个转速范围内进行精确的滑差补偿，并在 3 ms 内完成。在使用串行通信时，VLT 5000 对每条指令的响应时间为 0.1 ms，可使用任何标准电机与 VLT 5000 匹配。

4. HITACHI（日立）公司系列变频器

HITACHI 公司的主轴变频器应用于数控机床上的有 L100 系列通用型变频，额定输出功率为 0.2 ~ 7.5 kW，V/f 特性可选恒转矩/降转矩，可手动/自动提升转矩，载波频率 0.5 ~ 16 Hz 连续可调。日立 SJ100 系列变频器，是一种矢量型变频，额定输出功率为 0.2 ~ 7.5 kW，载波频率在 0.5 ~ 16 Hz 内连续可调，加减速过程中可分段改变加减速时间，可内部/外部启动直流制动；日立 SJ200/300 系列变频器，额定输出功率范围为 0.75 ~ 132 kW，具有 2 台电机同时无速度传感器矢量控制运行且电机常数在/离线自整定。

5. HNC（华中数控）公司系列主轴驱动系统

HSV-20S 是武汉华中数控股份有限公司推出的全数字交流主轴驱动器。该驱动器结构紧凑、使用方便、可靠性高。

采用的是最新专用运动控制 DSP、大规模现场可编程逻辑阵列（FPGA）和智能化功率模块（IPM）等当今最新技术设计，具有 025、050、075、100 多种型号规格，具有很宽的功率选择范围。用户可根据要求选配不同型号驱动器和交流主轴电机，形成高可靠、高性能的交流主轴驱动系统。

5.1.5　主轴驱动系统的分类

主轴驱动系统包括主轴驱动器和主轴电动机。数控机床主轴的无级调速则是由主轴驱动器完成。主轴驱动系统分为直流驱动系统和交流驱动系统，目前数控机床的主轴驱动多采用交流主轴驱动系统即交流主轴电动机配备变频器或主轴伺服驱动器控制的方式。

直流驱动系统在 20 世纪 70 年代初至 80 年代中期在数控机床上占据主导地位，这是由于直流电动机具有良好的调速性能、输出力矩大、过载能力强、精度高、控制原理简单、易于调整等优点。随着微电子技术的迅速发展，加之交流伺服电动机材料、结构及控制理论有了突破性的进展，20 世纪 80 年代初期推出了交流驱动系统，标志着新一代驱动系统的开始，由于交流驱动系统保持了直流驱动系统的优越性，而且交流电动机无须维护、便于制造、不受恶劣环境影响，所以目前直流驱动系统已逐步被交流驱动系统所取代。从 20 世纪 90 年代开始，交流伺服驱动系统已走向数字化，驱动系统中的电流环、速度环的反馈控制已全部数字化，系统的控制模型和动态补偿均由高速微处理器实时处理，增强了系统自诊断能力，提高了系统的快速性和精度。

1. 直流主轴伺服系统

直流主轴电动机驱动器有可控硅调速和脉宽调制 PWM 调速两种形式。由于脉宽调制 PWM 调速具有很好的调速性能，因而在对静动态性能要求较高的数控机床进给驱动装置上曾广泛使用。而三相全控可控硅调速装置则适于大功率应用场合。

从原理上说，直流主轴驱动系统与通常的直流调速系统无本质的区别，它具有以下特点：

（1）调速范围宽。采用直流主轴驱动系统的数控机床通常只设置高、低两级速度的机械变速机构，就能得到全部的主轴变换速度，实现无级变速，因此，它具有较宽的调速范围。

（2）直流主轴通常采用全封闭的结构形式，可以在有尘埃和切削液飞溅的工业环境中使用。

（3）主轴电动机通常采用特殊的热管冷却系统，能将转子产生的热量迅速向外界发散。此外，为了使发热最小，定子往往采用独特附加磁极，以减小损耗，提高效率。

（4）直流主轴驱动器主回路一般采用晶闸管三相全波整流，以实现四象限的运行。

（5）主轴控制性能好。为了便于与数控系统的配合，主轴伺服器一般都带有 D/A转换器、"使能"信号输入、"准备好"输出、输出、转速/转矩显示输出等信号接口。

（6）纯电气主轴定向准停控制功能。无须机械定位装置，进一步缩短了定位时间。

2. 交流伺服主轴驱动系统

交流伺服主轴驱动系统通常采用感应电动机作为驱动电机，由伺服驱动器实施控制，有速度开环或闭环控制方式。也有采用永磁同步电动机作为驱动电机，由伺服驱动器实现速度环的矢量控制，具有快速的动态响应特性，但其恒功率调速范围较小。

与交流伺服驱动一样，交流主轴驱动系统也有模拟式和数字式两种型式，交流主轴驱动系统与直流主轴驱动系统相比，具有如下特点：

（1）由于驱动系统必须采用微处理器和现代控制理论进行控制，因此其运行平稳、振动和噪声小。

（2）驱动系统一般都具有再生制动功能，在制动时，即可将能量反馈回电网，起到节能的效果，又可以加快制动速度。

（3）特别是对于全数字式主轴驱动系统，驱动器可直接使用 CNC 的数字量输出信号进行控制，不要经过 D/A 转换，转速控制精度得到了提高。

（4）与数字式交流伺服驱动一样，在数字式主轴驱动系统中，还可采用参数设定方法对系统进行静态调整与动态优化，系统设定灵活、调整准确。

（5）由于交流主轴无换向器，主轴通常不需要进行维修。

（6）主轴转速的提高不受换向器的限制，最高转速通常比直流主轴更高，可达到数万转。

5.1.6　主轴通用变频器

1. 变频调速原理

变频调速技术的基本原理是根据电机转速与工作电源输入频率成正比的关系：

$$n = 60f(1-s)/p$$

式中：n、f、s、p 分别表示转速、输入频率、电机转差率、电机磁极对数，通过改变电动机工作电源频率达到改变电机转速的目的。而对于变频器而言，其频率的调节范围很宽，可在 0 ~ 400 Hz 任意调节，因此主轴电机转速即可在较宽的范围内调节，变频器就是基于上述原理采用交-直-交电源变换技术，集电力电子、微电脑控制等技术于一身的综合性电气产品。

2. 变频器驱动主轴简介

随着交流调速技术的发展，目前数控机床的主轴驱动多采用交流主轴配变频器控制的方式。变频器的控制方式从最初的电压空间矢量控制（磁通转迹法）到矢量控制（磁通定向控制），发展至今为直接转矩控制，从而能方便地实现无速度传感器化。脉宽调制（PWM）技术从正弦 PWM 发展至优化 PWM 技术和随机 PWM 技术，以实现电流谐波畸变小，电压利用率最高、效率最优、转矩脉冲最小及噪声强度大幅度削弱的目标。功率器件由 GTO、GTR、IGBT 发展到智能模块 IPM，是开关速度快、驱动电流小、控制驱动简单、故障率降低、干扰得到有效控制及保护功能进一步完善。

随着数控控制的 SPWM 变频调速系统的发展，数控机床主轴驱动采用通用变频器控制的也越来越多。所谓"通用"包含着两方面的含义：一是可以和通用的笼型异步配套应用；二是具有多种可供选择的功能，可应用于各种不同性质的负载。

如三菱 FR-A500 系列变频器既可以通过 2、5 端，用 CNC 系统输出的模拟信号来控制的转速，也可通过拨码开关的编码输出或 CNC 系统的数字信号输出值 RH、RM 和 RL 端，通过变频器的参数设置，实现从最低速到最高速的变速。

值得注意的是，变频器的冷却方式都采用风扇强迫冷却。如果通风不良，器件的温度将会升高，有时即使变频器并没有跳闸，但器件的使用寿命已经下降。所以，应注意冷却风扇的运行状况是否正常，经常清洁滤网和散热器的风道，保证变频器的正常运转。

5.2　交流变频器驱动主轴

早期的数控机床多采用直流主轴驱动系统。为使主轴电动机能输出较大的功率，所以一般采用他激式的直流电动机。为缩小体积，改善冷却效果，以免电动机过热，常采用轴向强迫风冷或热管冷却技术。

直流主轴电动机驱动器有可控硅调速和脉宽调制 PWM 调速两种形式。由于脉宽调制 PWM 调速具有很好的调速性能，因而在对静动态性能要求较高的数控机床进给驱动装置上曾广泛使用。而三相全控可控硅调速装置则适用于大功率场合。由于直流电动机需机械换向，换向器表面线速度、换向电流、电压均受到限制，所以限制了其转速和功率的提高，并且它的恒功率调速范围也较小。由于直流电动机的换向增加了电动机的制造难度、成本，并使调速控制系统变得复杂，另外换向器必须定时停机检查和维修，使用和维护都比较麻烦。

20 世纪 80 年代后，微电子技术、交流调速理论、现代控制理论等有了很大发展，同时新型大功率半导体器件如大功率晶体管 GTR、绝缘栅双极晶体管 IGBT 以及 IPM 智能模块不断成熟并应用于交流驱动系统，并可实现高转速和大功率主轴驱动，其性能已达到和超过直流驱动系统的水平。交流电动机体积小、重量轻，采用全封闭罩壳，防尘和防污染性能好，因此，现代数控机床 90%都采用交流主轴驱动系统。

交流主轴驱动系统通常采用感应电动机作为驱动电动机，由变频逆变器实施控制，有速度开环或闭环控制方式。也有采用永磁同步电动机作为驱动电动机，由变频逆变器实现速度环的矢量控制，这种方式具有快速的动态响应特性，但其恒功率调速范围较小。

数控机床异步电动机虽然具有多变量、强耦合、非线性的特点，但是随着现代数控机床调速技术的发展，现代电力电子器件和电机控制用数字信号处理器的不断推陈出新，数控机床异步电动机主轴调速系统已经逐渐成为机床主轴驱动变频系统的主流，数控机床调速系统在性能上已经可以和直流调速系统相媲美。目前，数控机床上数控机床异步电动机的调速主要有以下几种常规控制策略。

5.2.1　恒压频比控制与转差频率控制

恒压频比控制即通过调节驱动变频器输出侧的电压频率比的方法，来改变电动机在调速过程中机械特性的控制方式。开环恒压频比不能对转矩进行调节，可满足一般平滑调速的要求，动态性能有限。转差频率控制采用转子转速闭环控制，转速调节器的输出是转差角频率，逆变器输出的实际角频率是由转差信号和电机的实际转速信号相加后得到的，它随着电机转子角速度同步上升或下降。在分析转差频率控制规律时，是从异步电动机的稳态等效电路和稳态转矩公式出发的，并不能真正控制动态过程中的转矩特性。

5.2.2　变频定向控制

变频定向控制的基本原理是以转子变频这一旋转空间矢量为参考坐标，将定子电流分解为相互正交的两个分量：一个与变频同方向，代表定子电流励变频分量；另一个与变频方向正交，代表定子电流转矩分量。这样，在旋转坐标系上，数控机床电机可以等效为直流电机，在励磁电流恒定时，通过控制转矩电流，获得与直流电机同样优良的静动态性能。变频定向控制技术又分为间接变频定向和直接变频定向两种实现方式。在直接变频定向中，变频定向位置直接采用传感线圈进行测量，或通过电动机输入端的信号进行估计，不适用于电机运行于低速的情况，且成本较高。而间接变频定向控制是基于异步电动机的数学模型，通过计算转差角频率，进而来估算转子和变频的相对位置，实现比较简单，但运行中转子参数的变化会使变频和转矩偏离指令值，不能达到准确的变频定向，从而引起额外损耗和最大转矩降低。另一个问题是随着电机速度要求越来越高，在恒功率变频范围运行时，当转子变频发生变化，而转差增益无法实现动态补偿，将引起变频通和转矩的振荡。

5.2.3　直接转矩控制

不同于变频定向控制技术，直接转矩控制无需将数控机床电动机与直流电动机做比较、等效、转化，不需要模仿直流电动机的控制，也不需要为解耦而简化数控机床电动机的数学模型。它是在定子坐标系下，利用空间矢量的概念，通过易于测量的定子电压和转速等，直接对变频和转矩进行控制，省掉了矢量旋转变换等复杂的变换与计算。由于选用了定子变频，只要知道定子电阻就可以把它观测出来，因而避开了未知且时变的转子参数，参数鲁棒性好。转矩与定子变频调节器借助于空间电压矢量理论，采用 Bang-Bang 控制，可以获得快速的动态响应，但同时带来了转矩脉动、调速范围受限的缺点，低速时调速性能明显下降。如果采用六边形变频控制方案，转矩脉动、噪声都比较大，但有利于减小功率器件的开关频率，适用于大功率领域；而采用近似圆变频的控制方案，则比较接近理想情况，电机损耗、转矩脉动及噪声均很小，侧重于中小功率高性能调速领域。

一般而言，高性能的数控机床调速系统离不开速度的闭环控制。然而，速度传感器的安装带来了系统成本增加、体积增大等缺点。无速度传感器的数控机床传动控制技术也已成为近年研究热点。无速度传感器控制技术解决问题的出发点是利用测量到的定子电压、电流等信号综合电机转速。目前代表性的方案有：① 动态速度估计器；② PI 控制器法；③ 模型参考自适应方法；④ 扩展卡尔曼滤波法；⑤ 基于神经网络的速度估计器；⑥ 转子齿谐波法。然而，这些速度辨识方法在转速估计精度、抗参数变化、抗噪声干扰的鲁棒性以及计算复杂程度上同实际要求还有一定的距离。

5.3　变频器故障诊断与维修

以三菱变频器 FR-D740-0.75K-CHT 为例。

变频器型号含义：D740 代表三相 400 V（D720 代表单相 200 V）；0.75K 代表变频器的容量是 0.75 kW。

5.3.1　变频器端子接线说明

变频器端子接线如图 5.1 所示。

常用端子说明

（1）R/L1、S/L2、T/L3：交流电源输入连接工频电源。

（2）U、V、W：变频器输出用于连接 3 相异步电机。

（3）STF：正转启动。当 STF 信号 ON 时为正转，OFF 时为停止指令。

（4）STR：反转启动。当 STR 信号 ON 时为反转，OFF 时为停止指令。（STF、STR 信号同时为 ON 时，为停止指令）。

（5）RH、RM、RL：多段速选择。可根据端子 RH、RM、RL 信号的短路组合，进行多段速度的选择。

（6）SD：接点（端子 STF、STR、RH、RM、RL）输入的公共端子。

（7）10：频率设定用电源，作为外接频率设定（速度设定）用电位器时的电源使用。

（8）2：频率设定（电压信号）。输入 DC0～5 V（0～10 V）时，输出成比例：输入 5 V（10 V）时，输出为最高频率。5 V/10 V 切换用 Pr.73 "0～5 V，0～10 V 选择"进行。

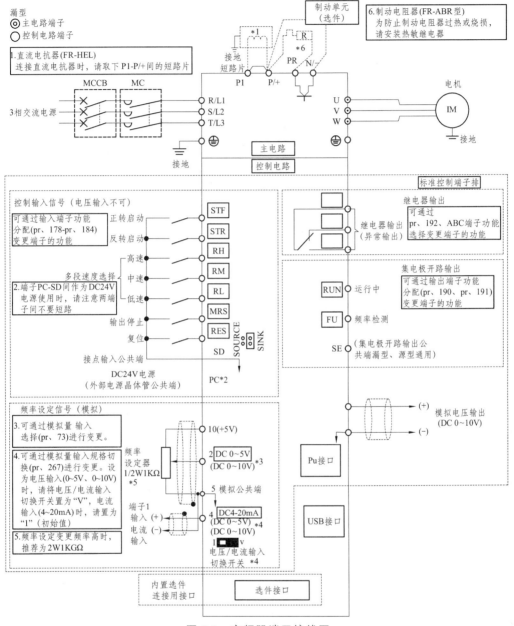

图 5.1　变频器端子接线图

（9）4：频率设定（电流信号）。如果输入 DC4～20 mA（或 0～5 V，0～10 V），在 20 mA 时为最大输出频率，输入输出成比例。只有 AU 信号为 ON 时端子 4 的输入信号才会有效（端子 2 的输入将无效）。通过 Pr.267 进行 4～20 mA（初始设定）和 DC0～5 V、DC0～10 V 输入的切换操作。电压输入（0～5 V/0～10 V）时，请将电压/电流输入切换开关切换至"V"。

（10）5：频率设定公共端。是频率设定信号（端子 2 或 4）及端子 AM 的公共端子。请不要接大地。

5.3.2 变频器操作面板

变频器的操作面板如图 5.2 所示。

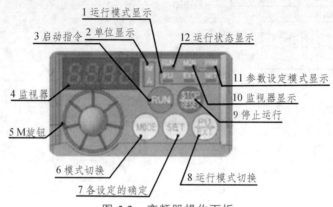

图 5.2 变频器操作面板

1. 变频器基本操作面板功能说明（见表 5.1）

表 5.1 变频器基本操作功能

序号	按　键	功能说明
1	运行模式显示	PU：PU 运行模式时亮灯； EXT：外部运行模式时亮灯； NET：网络运行模式时亮灯
2	单位显示	Hz：显示频率时亮灯； A：显示电流时灯亮；显示电压时灯灭；设定频率监视时闪烁
3	启动指令	通过 Pr.40 的设定，可以选择旋转方向
4	监视器(4位 LED)	显示频率、参数编号等
5	M 旋钮	用于变更频率设定、参数的设定值。按该按钮可显示以下内容：监视模式时的设定频率；校正时的当前设定值；错误历史模式时的顺序
6	模式切换	用于切换各设定模式，长按此键（2 s）可以锁定操作
7	各设定的确定	运行中按此键则监视器出现以下显示：运行频率→输出电流→输出电压
8	运行模式切换	用于切换 PU/EXT 模式。使用外部运行模式（通过另接的频率设定旋钮和启动信号启动运行）时请按此键，使表示运行模式的"EXT"处于亮灯状态。[切换至组合模式时，可同时按"MODE"键（0.5 s）或者变更参数 Pr.79。]PU：PU 运行模式；EXT：外部运行模式；也可以解除 PU 停止
9	停止运行	也可以进行报警复位
10	监视器显示	监视模式时亮灯
11	参数设定模式显示	参数设定模式时亮灯
12	运行状态显示	变频器动作中亮灯/闪烁。亮灯：正转运行中，缓慢闪烁（1.4 s 循环）；反转运行中，快速闪烁（0.2 s 循环）

2. 基本操作

变频器基本操作如图 5.3 所示。

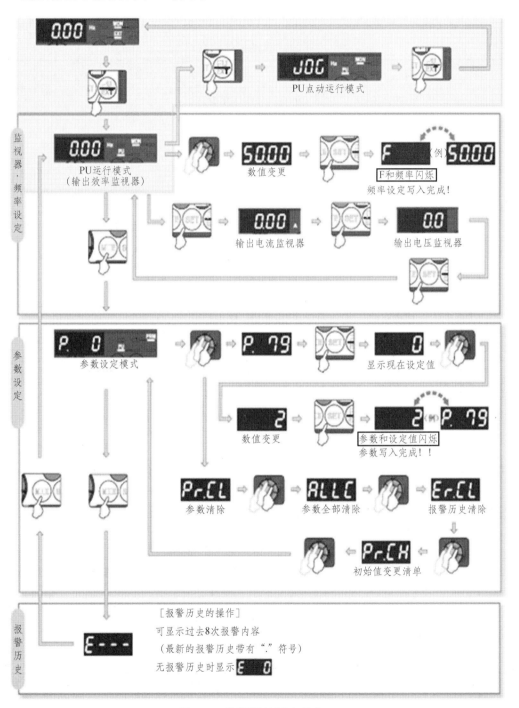

图 5.3　变频器的基本操作

5.3.3 部分常用参数

部分常用参数见表 5.2。

表 5.2 变频器常用参数

参　数	名　称	初始值	范　围
1	上限频率	120 Hz	0~120 Hz
2	下线频率	0 Hz	0~120 Hz
3	基准频率	50 Hz	0~400 Hz
4	多段速设定（高速）	50 Hz	0~400 Hz
5	多段速设定（中速）	30 Hz	0~400 Hz
6	多段速设定（低速）	10 Hz	0~400 Hz
7	加速时间	0.5 s	0~3 600 s
8	减速时间	0.5 s	0~3 600 s
13	起动频率	0.5 Hz	0~60 Hz
15	点动频率	5 Hz	0~400 Hz
29	加减速曲线选择	0	0：直线加速 1：S 曲线加速 A 2：S 曲线加速 B
40	RUN 键旋转方向的选择	0	0：正转 1：反转
73	模拟量输入选择	1	0：0~10 V 1：0~5 V
77	参数写入选择	0	0：仅限于停止时可以写入 1：不可写入参数 2：可以在所有运行模式中不受运行状态限制地写入参数
78	反转防止选	0	0：正转和反转均可 1：不可反转 2：不可正转
79	运行模式选择	0	0：外部 / PU 切换模式 1：PU 运行模式固定 2：外部运行模式固定

参数	名　称	初始值	范　围
83	电机额定电压	400 V	0～1 000 V
84	电机额定频率	50 Hz	10～120 Hz
160	扩展功能显示选择	9999	0：显示所有参数 9999：只显示简单模式的参数
178	STF 端子功能选择	60	0：低速运行指令
179	STR 端子功能选	61	1：中速运行指令 2：高速运行指令 3：第 2 功能选择 4：端子 4 输入选择 5：点动运行选择 7：外部热敏继电器输入 8：15 速选择 10：变频器运行许可信号 （FR-HC/FR-CV 连接） 12：PU 运行外部互锁 14：PID 控制有效端子 16：PU-外部运行切换 18：V/F 切换 24：输出停止 25：启动自保持选择 37：三角波功能选择 60：正转指令（只能分配给 STF 端子（Pr.178）） 61：反转指令（只能分配给 STR 端子（Pr.179）） 62：变频器复位 65：PU-NET 运行切换 66：外部-网络运行切换 67：指令权切换 9999：无功能
Pr.CL	参数清除	0	设定为"1"时，除了校正用参数外的参数将恢复到初始值
ALLC	参数全部清除	0	设定为"1"时，所有的参数都恢复到初始值
Pr.CL	报警历史清除	0	设定为"1"时，将清除过去 8 次的报警历史

5.3.4 变频器常见故障（以三菱 D700 为例，见表 5.3）

表 5.3 变频器常见故障

序号	操作面板显示	名 称	内 容	检查要点	处 理
1	HOLD	操作面板锁定	定为操作锁定模式。 STOP/RESET 键以外的操作将无法进行		按键 MODE 2 s 后操作锁定将解除
2	Er1	禁止写入错误	1. Pr.77 参数写入选择设定为禁止写入的情况下试图进行参数的设定时 2. 频率跳变的设定范围重复时 3. PU 和变频器不能正常通讯时	1. 请确认 Pr.77 参数写入选择的设定值。 2. 请确认 Pr.31～Pr.36（频率跳变）的设定值。 3. 请确认 PU 与变频器的连接	
3	Er2	运行中写入错误	在 Pr.77 ≠2（任何运行模式下不管运行状态如何都可写入）时的运行中或在 STF（STR）为 ON 时的运行中进行了参数写入	1. 请确认 Pr.77 的设定值。 2. 是否运行中	1. 请设置为 Pr.77 = 2。 2. 请在停止运行后进行参数的设定
4	Er3	校正错误	模拟输入的偏置、增益的校正值过于接近时	请确认参数 C3、C4、C6、C7（校正功能）的设定值	
5	Er4	模式指定错误	在 Pr.77≠2 时并在外部、网络运行模式下试图进行参数设定时	1. 运行模式是否为"PU 运行模式"。 2. 请确认 Pr.77 的设定值	1. 请把运行模式切换为"PU 运行模式"后进行参数设定。 2. 请设置为 Pr.77 = 2 后进行参数设定
6	UV	电压不足	若变频器的电源电压下降，控制电路将无法发挥正常功能。另外，还将导致电机的转矩不足或发热量增大。因此，当电源电压下降到约 AC115 V（400 V 级为约 AC230 V 以下）时，则停止变频器输出。当电压恢复正常后警报便可解除	电源电压是否正常	检查电源等电源系统设备

续表

序号	操作面板显示	名　称	内　容	检查要点	处　理
7	E.ILF	输入缺相	在 Pr.872 输入缺相保护选择里设定为功能有效（＝1）且 3 相电源输入中有 1. 相缺相时停止输出。 2. 当 3 相电源输入的相间电压不平衡过大时，可能会动作	1. 3 相电源的输入用电缆是否断线。 2. 3 相电源输入的相间电压不平衡是否过大。	1. 正确接线。 2. 对断线部位进行修复。 3. 确认 Pr.872 输入缺相保护选择的设定值。 4. 三相输入电压不平衡较大时，设定 Pr.872＝"0"（无输入缺相保护）
8	E.LF	输出缺相	变频器输出侧（负载侧）的 3 相（U、V、W）中有 1 相缺相时，将停止变频器输出。通过 Pr.251 输出缺相保护选择设定了有无保护功能	1. 确认接线。（电机是否正常。） 2. 是否使用了比变频器容量小的电机	1. 正确接线。 2. 确认 Pr.251 输出缺相保护选择的设定值

5.4　数控机床主轴变频调速控制过程简介

本系统采用广数 GSK980TDc：2 路 0～10 V 模拟电压输出，支持双主轴控制；1 路主轴编码器反馈，主轴编码器线数可设定（100～5 000 p/r）；编码器与主轴的传动比：（1～255）：（1～255）；主轴转速可由 S 代码或 PLC 信号给定，转速范围 0～9 999 r/min；主轴倍率 50%～120%共 8 级实时修调；主轴恒线速控制。

对于主轴的控制，可以采用 PLC 程序定义的 M 代码：M03 主轴顺时针转；M04 主轴逆时针转；M05 主轴停止。

S 代码用于控制主轴的转速，GSK980TDc 控制主轴转速的方式有两种：

主轴转速开关量控制方式：S□□（2 位数代码值）代码由 PLC 处理，PLC 输出开关量信号到机床，实现主轴转速的有级变化。

主轴转速模拟电压控制方式：S□□□□（4 位数代码值）指定主轴实际转速，NC 输出 0~10 V 模拟电压信号给主轴伺服装置或变频器，实现主轴转速无级调速。

5.4.1　主轴转速开关量控制

当状态参数 NO.001 的 BIT4 设为 0 时主轴转速为开关量控制。一个程序段只能有一个 S 代码，当程序段中出现两个或两个以上的 S 代码时，CNC 出现报警。

S 代码与执行移动功能的代码字共段时，执行的先后顺序由 PLC 程序定义，具体请参阅机床厂家的说明书。

主轴转速开关量控制时，GSK980TDc 车床 CNC 用于机床控制，S 代码执行的时序和逻辑应以机床生产厂家说明为准。以下所述为 GSK980TDc 标准 PLC 定义的 S 代码，仅供参考。

代码格式：S□□

00~04（前导零可省略）：1~4 挡主轴转速开关量控制。

主轴转速开关量控制方式下，S 代码的代码信号送 PLC 后，经 PLC 处理后返回 FIN 信号，这段时间称为 S 代码的执行时间。

CNC 复位时，S01、S02、S03、S04 输出状态不变。

CNC 上电时，S1~S4 输出无效。执行 S01、S02、S03、S04 中任意一个代码，对应的 S 信号输出有效并保持，同时取消其余 3 个 S 信号的输出。执行 S00 代码时，取消 S1~S4 的输出，S1~S4 同一时刻仅一个有效。

5.4.2　主轴转速模拟电压控制

当状态参数 NO.001 的 BIT4 设为 1 时主轴转速为模拟电压控制。

代码格式：S□□□□，0000~9999（前导 0 可以省略）：主轴转速模拟电压控制

代码功能：设定主轴的转速，CNC 输出 0~10 V 模拟电压控制主轴伺服或变频器，实现主轴的无级变速，S 代码值掉电不记忆，上电时置 0。

主轴转速模拟电压控制功能有效时，主轴转速输入有 2 种方式：S 代码设定主轴的固定转速（r/min），S 代码值不改变时主轴转速恒定不变，称为恒转速控制（G97 模态）；S 代码设定刀具相对工件外圆的切线速度（m/min），称为恒线速控制（G96 模态）。恒线速控制方式下，切削进给时的主轴转速随着编程轨迹 X 轴绝对坐标值的绝对值变化而变化。

CNC 具有四挡主轴机械挡位功能，执行 S 代码时，根据当前的主轴挡位的最高主轴转速（输出模拟电压为 10 V）的设置值（对应数据参数 NO.037~NO.040）计算给定转速对应的模拟电压值，然后输出到主轴伺服或变频器，控制主轴实际转速与要求的转速一致。

CNC 上电时，模拟电压输出为 0 V，执行 S 代码后，输出的模拟电压值保持不变（除非处于恒线速控制的切削进给状态且 X 轴绝对坐标值的绝对值发生改变）。执行 S0 后，模拟电压输出为 0 V。CNC 复位、急停时，模拟电压输出保持不变。

5.4.3　主轴倍率

在主轴转速模拟电压控制方式有效时,主轴的实际转速可以用主轴倍率进行修调,

进行主轴倍率修调后的实际转速受主轴当前挡位最高转速的限制，在恒线速控制方式下还受最低主轴转速限制值和最高主轴转速限制值的限制。

NC 提供 8 级主轴倍率（50% ~ 120%，每级变化 10%），主轴倍率实际的级数、修调方法等由 PLC 梯形图定义，使用时应以机床制造厂使用说明书为准。以下所述为 GSK980TDc 标准 PLC 程序的功能描述，仅供参考。

5.4.4　多主轴控制功能

GSK980TDc 最多可以控制两个模拟主轴，一个 S 代码用于指定这些主轴中的任一个，选择哪个主轴由来自 PLC 的信号决定，并分别具有齿轮换挡功能。

由于 GSK980TDc 只有一个主轴编码器接口，因此第 2 主轴无编码器反馈，主轴转速没有显示。

S 代码作为速度指令送至由主轴选择信号（SWS1、SWS2 <G27 # 0、G27 # 1>）选定的主轴，每个主轴以指定速度旋转。如果一个主轴没有收到主轴选择信号，它以之前的速度继续旋转。这就允许各主轴在同一时间以不同的速度旋转。每个主轴都有各自的主轴停止信号和主轴使能信号。

5.4.5　主轴接口

主轴接口如图 5.4 所示，名代号的含意见表 5.4。

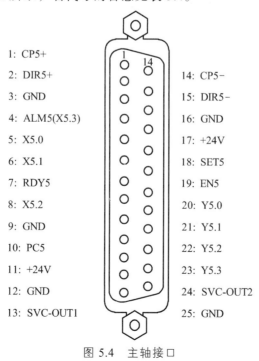

图 5.4　主轴接口

表 5.4　主轴接口代号

CP5+、CP5-	主轴脉冲信号
DIR5+、DIR5-	主轴方向信号
ALM5（X5.3）	第 5 轴／主轴异常报警信号
RDY5	主轴准备好信号
PC5	主轴零点信号
SVC-OUT1	模拟电压输出 1
SVC-OUT2	模拟电压输出 2
SET5	主轴设定信号
EN5	主轴使能信号
X5.0~X5.3	PLC 地址，仅此低电平有效
Y5.0~Y5.3	PLC 地址

5.4.6　普通变频器连接

模拟主轴接口 SVC 端可输出 0 ~ 10 V 电压，信号内部电路如图 5.5 所示。

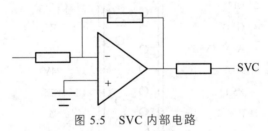

图 5.5　SVC 内部电路

GSK980TDc 与变频器的连接如图 5.6 所示。

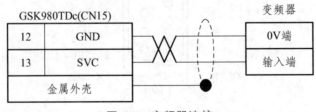

图 5.6　变频器连接

5.4.7 主轴控制电路图

1. 三相电通过断路器 QF2 连接到变频器的电源输入端（见图 5.7）

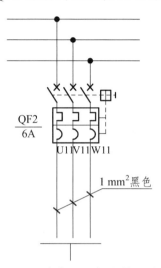

图 5.7 变频器三相电接入法

2. 变频器控制部分电路图

变频器控制部分接线如图 5.8 所示：R、S、T 接三相电源，2、5 端接 CNC 模拟主轴接口提供的 0～10 V 的模拟信号，STF 接正转控制信号，STR 接反转控制信号，U、V、W 接到三相异步电动机；通过 E1 编码器返回速度信号。

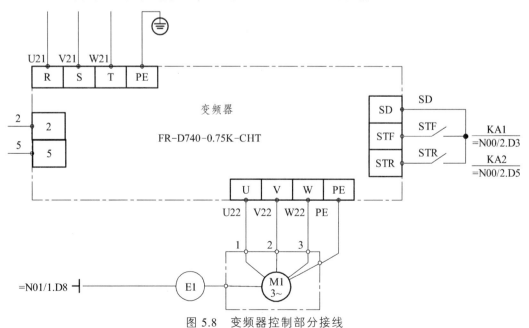

图 5.8 变频器控制部分接线

3. 主轴正反转 PLC 接口部分电路图

如图 5.9 所示，Y0.3 控制主轴的正转，Y0.4 控制主轴的反转。

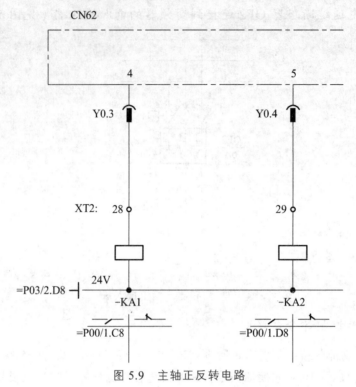

图 5.9　主轴正反转电路

4. 模拟主轴接口

如图 5.10 所示，CN15 接口通过 13、12 端子提供 0~10 V 的模拟信号。

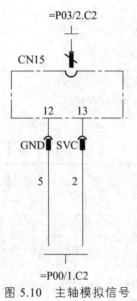

图 5.10　主轴模拟信号

5.　主轴编码器接口（见图5.11）

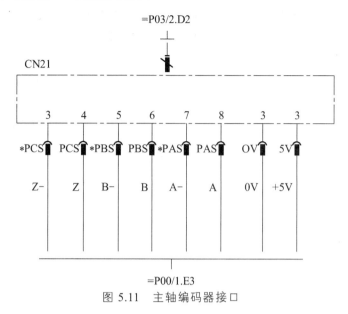

图 5.11　主轴编码器接口

5.5　主轴部分 PLC 控制原理

主轴转速模拟电压控制方式：S□□□□（4 位数代码值）指定主轴实际转速，NC 输出 0～10 V 模拟电压信号给主轴伺服装置或变频器，实现主轴转速无级调速。

由于手动方式下，主轴按上一次运行的速度运行，所以在运行主轴前，应先在 MDI 方式下，以一定的转速运行主轴。如输入"M03S600;"，按"输入"键输入，再按"循环启动"键，执行程序，主轴以 S600 的速度运行。按"复位"键主轴停转，然后在手动状态下按主轴正转键，主轴以上一次的速度（S600）正转。

5.5.1　在 MDI 方式下，通过 M 代码控制主轴正转

操作面板选择 MDI 方式，F3.3 得电，中间继电 R280.0 得电（见图 5.12）。

图 5.12　MDI 方式选择

MDI 方式下，输入 M 代码（M00～M31），例：输入 M03 S300，代码信号送给 PLC 后，选通信号 F7.0 被置位 1，F7.0 被置位 1 后，如果 F10 中的值为 3（如果输入的 M 代码是 M03，F10 中的值为 3），R3.0 被置为 1（见图 5.13）。

图 5.13　M 代码输入

面板上主轴停止按钮按下，中间继电 R4.5 得电（见图 5.14）。

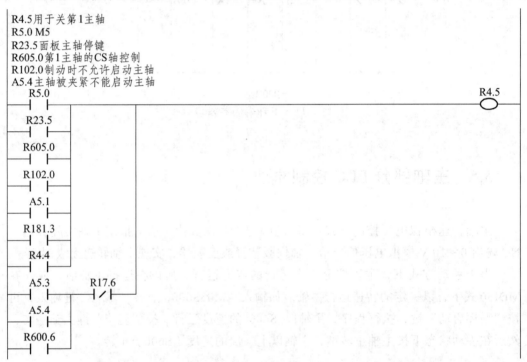

图 5.14　中间继电器控制

未输入 M 代码 M04 时，R600.4 掉电，保持常闭状态（见图 5.15）。

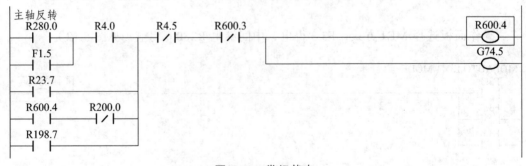

图 5.15　常闭状态

MDI 方式下，输入 M 代码 M03，面板上主轴未按下停止按钮，主轴未反转，则 R600.3 得电（见图 5.16）。

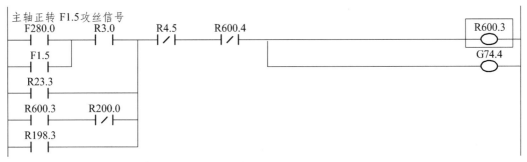

图 5.16　正转条件确认

R600.3 得电，Y0.3 得电，KA1 线圈得电，KA1 常开触头闭合，变频器 STF 端子得电，电机启动且正转（见图 5.17）。

图 5.17　电机正转

5.5.2　手动方式下，控制主轴正转

X21.7 是控制面板上主轴正转按钮，X21.7 按下后，R521.7 得电（见图 5.18）。

图 5.18　手动正转选择

手动方式下，R280.4 得电（见图 5.19）。

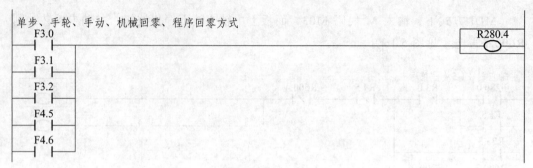

图 5.19　手动正转确认

上述条件满足的前提条件下，未执行复位操作，R23.3 得电，R600.3 得电，主轴正转。如果按下主轴面板停止按钮，R23.5 得电，R4.5 线圈得电，R4.5 常闭触头断开，R600.3 掉电，Y0.3 掉电，继电器 KA1 线圈掉电，常开触头断开，电机停止正转（见图 5.20）。

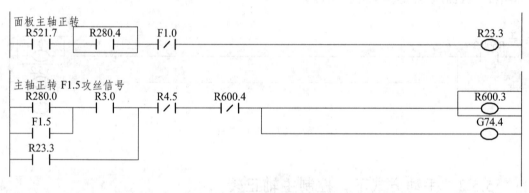

图 5.20　手动正转启动和停止

5.6　工作主轴常见故障分析

案例 1：模式设置故障

三菱 D700 系列变频器比较常用的模式有 3 种：PU 模式（通过变频器的面板来控制变频器）；EXT（外部）模式（外部提供控制信号控制变频器）；混合模式（PU 模式和外部模式的结合）。

故障现象：手动状态下按下操作面板上的主轴正转，主轴不转动；按下操作面板上的主轴反转，主轴也不转动。

故障分析：对主轴部分电路的线路进行检查，整个线路连接可靠，无任何问题；主轴部分电路的电气元件也无故障；主轴部分的整个供电正常。通过以上排查，主轴部分硬件可以判定无故障，故障原因可能在设置上。需要通过给系统上电来排查，系统上电后,查看变频器的显示状态,发现变频器显示的是 PU 模式。

故障排除:本系统对变频器采用外部控制模式,所以需要将变频器的模式设置为外部模式,[MODE]键和[PU/EXT]同时按下,设置 79 参数的值,将 79 的参数重新设置,参数值设置为 2,按下操作面板上的主轴正转,主轴正转,按下主轴反转,主轴反转,故障排除。

案例 2:变频器参数无法设置

故障现象:控制主轴运转前,先对变频器的参数进行设置,设置了相应的参数后,系统显示参数没有设置成功,还是以前的参数。

故障分析:可能是参数 77 设置有问题,77 设置为 0,仅限于停止时可以写入;77 设置为 1,不可写入参数;77 设置为 2,可以在所有运行模式中不受运行状态限制地写入参数。还有可能是模式设置错误,如果要对变频器的参数做修改,必须是在 PU 模式下修改参数,有可能系统设置为外部工作模式,这样也无法更改系统的参数。

故障排除:首先排查工作模式是否正确,系统上电后,如果变频器显示的是外部运行模式,这时必须将外部运行模式修改为 PU 模式,[MODE]键和[PU/EXT]同时按下,将 79 的参数设置为 1,更改为 PU 模式。模式修改后,重新再对参数进行设置,如果显示修改成功,那么故障原因就是模式设置错误。总而言之,不管系统工作在任何模式,要对参数做修改,必须回到 PU 模式。如果对模式做了更改后,对参数重新设置,依然提示参数设置失败,这种情况下,再检查 77 的参数设置是否有误。

案例 3:主轴只可正转,不可反转

故障现象:操作面板按下主轴正转,主轴正转起来;按下主轴反转,主轴并没有动作。

故障分析:主轴的正反转控制,采用的是变频器控制三相异步电机,不是传统的通过换两相来实现电机的正反转,给变频器 STF 端子加上 24 V 的信号,电机就正转,断开 24 V 的信号,电机就停止旋转。给变频器 STR 端子加上 24 V 的信号,电机就反转,断开 24 V 的信号,电机就停止旋转。但是在硬件这样设置的基础上,还需要对变频器参数进行设置,才可以实现正反转的控制。

故障排除:变频器中有两个参数 178 和 179,178 用来设置 STF 的功能,179 用来设置 STR 的功能,出厂默认设置 178 为 60,179 为 61。178 的参数设置为 60 代表的意思是 STF 的功能设置为正转,179 的参数设置为 61 代表的意思是 STR 的功能设置为反转。如果出现主轴只可以正转,不可以反转,在硬件电路无故障的情况下,需要排查 179 的参数是否设置为 61,如果 179 的参数设置为非 60 或者 61 的值,就可能出现上述情况,电机只可以正转,不可以反转。

案例 4:变频器参数恢复出厂设置丢失参数

故障现象:当把变频器参数恢复成出厂设置后,发现以前设置的很多参数找不到,无法对相应的参数进行设置。

故障分析：这种故障的原因是恢复成出厂设置后，只显示一些基本的参数，其他的参数并未显示，造成其他参数无法设置。

故障排除：对于这种参数找不到的情况，需要对其中的参数 160 进行设置。参数 160 可以设置为 0 或者 9999，当恢复成出厂设置时，参数 160 的值会被设置为 9999，9999 的意思是显示简单模式的参数，所以其他的很多参数不会显示，需要将参数 160 的值设置为 0，0 的意思代表显示所有的参数，这样就可以对其他的参数进行设置。

案例 5：电气线路连接故障 1

故障现象：按下主轴正转按钮，主轴反转，按下主轴反转按钮，主轴正转。

故障分析：首先检查变频器的参数设置，看参数设置是否有误。经检查，参数设置无误。在梯形图未做更改的前提条件下，故障极有可能出现在电气线路的连接上。三菱变频器控制电机正反转是通过两个控制信号 STF 和 STR 实现，STF 实现电机的正转，STR 实现电机的反转，而 STF 和 STR 的控制是通过继电器 KA1 和 KA2 的两个常开触头来控制的。经检查，发现两个继电器的常开触头信号接反，交换 STF 和 STR 两个信号，重新按下主轴正转和反转的控制按钮，主轴转向正常，故障排除。

案例 6：电气线路连接故障 2

故障现象：按下主轴正转按钮，主轴正转正常，按下主轴反转按钮，主轴不转。

故障分析：通过设置 P78，可以禁止电机反转，通过设置 P178 和 P179，也可能出现故障现象。首先检查变频器的参数设置，看参数设置是否有误。经检查，参数设置无误。在参数设置无误，梯形图未做更改的前提条件下，故障极有可能出现在电气线路的连接上。经排查，主回路接线无误，接下来排查控制回路，发现继电器 KA2 常开触头连接的 STF 控制信号错误的连接到继电器 KA3 的常开触头上。更改线路的连接，重新按下主轴反转按钮，主轴反转功能恢复。

案例 7：设备故障

故障现象：主轴部分线路连接完成后，设置好变频器的参数，按下主轴正转按钮，主轴正转正常，按下主轴反转按钮，主轴不反转。

故障分析：首先检查变频器的参数设置，主要是检查参数 P78 的设置，看参数是否设置合理，如果设置为 0，表示允许正反转，如果设置为 1，禁止反转，如果设置为 2，禁止正转，经检查，变频器 P78 的参数设置为 0。再检查 P178 和 P179 的参数设置，P178 设置为 60，表示 STF 为正转信号；P179 设置为 61，表示 STR 为反转信号，变频器参数设置正确。再检查线路部分，主要是检查继电器控制部分，经检查，控制部分的线路连接正常，通过拆卸其他设备的一台变频器安装到这台有故障的设备上，主轴的正反转均可以实现，证明问题出在变频器上，更换变频器后故障排除。

6　数控机床进给系统故障诊断与维修

6.1　进给驱动系统的概述

数控机床的进给驱动系统是数控机床的核心子系统之一，也是数控机床区别于普通机床的关键部分。数控机床进给传动常用伺服系统来实现。伺服进给系统的作用是根据数控系统传来的指令信息，经放大以后控制执行部件的运动，位移或速度传感器再将检测的运动结果反馈给数控系统，数控系统的比较环节根据控制指令与当前位移或速度值进行比较计算，驱动执行元件完成给定指令所要求的运动。

按驱动组件的类型不同，进给伺服系统可分为电气伺服系统、液压伺服系统、气动伺服系统。电气伺服系统的执行组件为电动机、电磁阀及其他电动组件。液压伺服系统的执行组件为油缸、液压马达、液压电磁阀等。气动伺服系统的执行组件为气缸、气压马达、气压电磁阀等。

6.2　数控机床对进给驱动系统的要求

1. 调速范围要宽

调速范围是指进给电动机提供的最低转速和最高转速之比。在各种数控机床中，由于加工用刀具、被加工材料、主轴转速以及零件加工工艺要求的不同，为保证在任何情况下都能得到最佳切削条件，就要求进给驱动系统必须具有足够宽的无级调速范围（通常大于 1∶10 000）。尤其在低速（如<0.1 r/min）时，要仍能平滑运动而无爬行现象。

脉冲当量为 1 μm/P 情况下，最先进的数控机床的进给速度从 0~240 m/min 连续可调。但对于一般的数控机床，要求进给驱动系统在 0~24 m/min 进给速度下工作就足够了。

2. 定位精度要高

使用数控机床的主要目的：保证加工质量的稳定性、一致性，减少废品率；解决复杂曲面零件的加工问题；解决复杂零件的加工精度问题，缩短制造周期等。数控机床是按预定的程序自动进行加工的，避免了操作者的人为误差，但是，它不可能应付事先没有预料到的情况。就是说，数控机床不能像普通机床那样，可随时用手动操作来调整和补偿各种因素对加工精度的影响。因此，要求进给驱动系统具有较好的静态特性和较高的刚度，从而达到较高的定位精度，以保证机床具有较小的定位误差与重复定位误差（目前进给伺服系统的分辨率可达 1 μm 或 0.1 μm，甚至 0.01 μm）。同时，进给驱动系统还要具有较好的动态性能，以保证机床具有较高的轮廓跟随精度。

3. 快速响应，无超调

为了提高生产率和保证加工质量，除了要求有较高的定位精度外，还要求有良好的快速响应特性，即要求跟踪指令信号的响应要快。一方面，在启、制动时，要求加、减加速度足够大，以缩短进给系统的过渡过程时间，减小轮廓过渡误差。一般电动机的速度从零变到最高转速，或从最高转速降至零的时间在 200 ms 以内，甚至小于几十毫秒。这就要求进给系统要快速响应，但又不能超调，否则将形成过切，影响加工质量；另一方面，当负载突变时，要求速度的恢复时间也要短，且不能有振荡，这样才能得到光滑的加工表面。

要求进给电动机必须具有较小的转动惯量和大的制动转矩，尽可能小的机电时间常数和启动电压。电动机具有 4 000 r/s² 以上的加速度。

4. 低速大转矩，过载能力强

数控机床要求进给驱动系统有非常宽的调速范围，例如在加工曲线和曲面时，拐角位置某轴的速度会逐渐降至零。这就要求进给驱动系统在低速时保持恒力矩输出，无爬行现象，并且具有长时间较强的过载能力，和频繁的启动、反转、制动能力。一般来说，伺服驱动器具有数分钟甚至半小时内 1.5 倍以上的过载能力，在短时间内可以过载 4～6 倍而不损坏。

5. 可靠性高

数控机床，特别是自动生产线上的设备要求具有长时间连续稳定工作的能力，同时数控机床的维护、维修也较复杂。因此，要求数控机床的进给驱动系统可靠性高、工作稳定性好，具有较强的温度、湿度、振动等环境适应能力，具有很强的抗干扰能力。

6.3　进给驱动系统的基本形式

进给驱动系统分为开环和闭环两种控制方式，根据控制方式，我们把进给驱动系统分为步进驱动系统和进给伺服驱动系统。开环控制与闭环控制的主要区别为是否采用了位置和速度检测反馈组件组成的反馈系统。闭环控制一般采用伺服电动机作为驱动组件，根据位置检测组件所处在数控机床不同的位置，它可以分为半闭环、全闭环和混合闭环 3 种。

6.3.1 开环数控系统

无位置反馈装置的控制方式就称为开环控制，采用开环控制作为进给驱动系统，则称开环数控系统。一般使用步进驱动系统（包括电液脉冲马达）作为伺服执行组件，所以也被称作步进驱动系统。在开环控制系统中，数控装置输出的脉冲，经过步进驱动器的环形分配器或脉冲分配软件的处理，在驱动电路中进行功率放大后控制步进电动机，最终控制步进电动机的角位移。步进电动机再经过减速装置（一般为同步带，或直接连接）带动丝杠旋转，通过丝杠将角位移转换为移动部件的直线位移。因此，控制步进电动机的转角与转速，就可以间接控制移动部件的移动，俗称位移量。图 6.1为开环控制伺服驱动系统的结构框图。

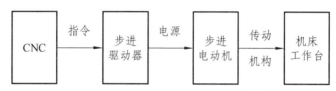

图 6.1　开环控制的进给驱动系统

采用开环控制系统的数控机床结构简单，制造成本较低，但是由于系统对移动部件的实际位移量不进行检测，因此无法通过反馈自动进行误差检测和校正。另外，步进电动机的步距角误差、齿轮与丝杠等部件的传动误差，最终都将影响被加工零件的精度。特别是在负载转矩超过输出转矩时，将导致"丢步"，使加工出错。因此，开环控制仅适用于加工精度要求不高，负载较轻且变化不大的简易、经济型数控机床上。

6.3.2 半闭环数控系统

图 6.2 所示为半闭环数控系统的进给控制框图。半闭环位置检测方式一般将位置检测组件安装在电动机的轴上（通常已由电动机生产厂家安装好），用以精确控制电动机的角度，然后通过滚珠丝杠等传动机构，将角度转换成工作台的直线位移，如果滚珠丝杠的精度足够高，间隙小，精度要求一般可以得到满足。而且传动链上有规律的误差（如间隙及螺距误差）可以由数控装置加以补偿，可进一步提高加工精度，因此在精度要求适中的中、小型数控机床上半闭环控制得到了广泛的应用。

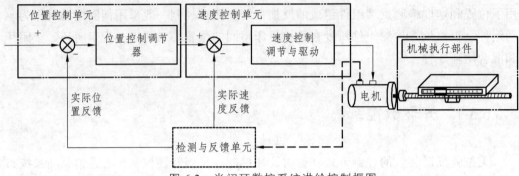

图 6.2　半闭环数控系统进给控制框图

　　半闭环方式的优点是它的闭环环路短（不包括传动机械），因而系统容易达到较高的位置增益，不发生振荡现象。它的快速性也好，动态精度高，传动机构的非线性因素对系统的影响小。但如果传动机构的误差过大或误差不稳定，则数控系统难以补偿。例如由传动机构的扭曲变形所引起的弹性变形，因其与负载力矩有关，故无法补偿。由制造与安装所引起的重复定位误差，以及由于环境温度与丝杠温度的变化所引起的丝杠螺距误差也不能补偿。因此要进一步提高精度，只有采用全闭环控制方式。

6.3.3　全闭环数控系统

　　图 6.3 所示为全闭环数控系统进给控制框图。全闭环方式直接从机床的移动部件上获取位置的实际移动值，因此其检测精度不受机械传动精度的影响。但不能认为全闭环方式可以降低对传动机构的要求。因闭环环路包括了机械传动机构，它的闭环动态特性不仅与传动部件的刚性、惯性有关，而且还取决于阻尼、油的黏度、滑动面摩擦系数等因素。这些因素对动态特性的影响在不同条件下还会发生变化，这给位置闭环控制的调整和稳定带来了困难，导致调整闭环环路时必须要降低位置增益，从而对跟随误差与轮廓加工误差产生了不利影响。所以采用全闭环方式时必须增大机床的刚性，改善滑动面的摩擦特性，减小传动间隙，这样才有可能提高位置增益。全闭环方式广泛应用在精度要求较高的大型数控机床上。

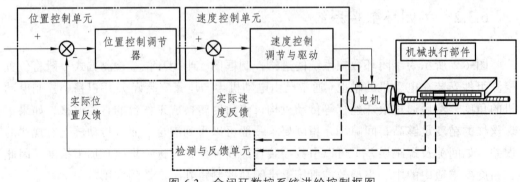

图 6.3　全闭环数控系统进给控制框图

由于全闭环控制系统的工作特点,它对机械结构以及传动系统的要求比半闭环更高,传动系统的刚度、间隙、导轨的爬行等各种非线性因素将直接影响系统的稳定性,严重时甚至产生振荡。

解决以上问题的最佳途径是采用直线电动机作为驱动系统的执行器件。采用直线电动机驱动,可以完全取消传动系统中将旋转运动变为直线运动的环节,大大简化机械传动系统的结构,实现了所谓的"零传动"。它从根本上消除了传动环节对精度、刚度、快速性、稳定性的影响,故可以获得比传统进给驱动系统更高的定位精度、快进速度和加速度。

6.3.4 混合式闭环控制

图 6.4 所示为混合闭环控制。混合闭环方式采用半闭环与全闭环结合的方式。它利用半闭环所能达到的高位置增益,从而获得了较高的速度与良好的动态特性。它又利用全闭环补偿半闭环无法修正的传动误差,从而提高了系统的精度。混合闭环方式适用于重型、超重型数控机床,因为这些机床的移动部件很重,设计时提高刚性较困难。

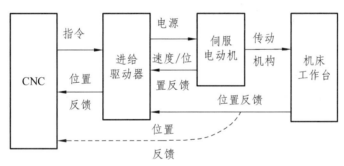

图 6.4 混合闭环控制的进给驱动系统

6.4 进给伺服驱动系统介绍

进给伺服驱动系统的组成及分类。

1. 进给伺服驱动系统的组成

数控机床的伺服系统一般由驱动控制单元、驱动单元、机械传动部件、执行机构和检测反馈环节等组成。驱动控制单元和驱动单元组成伺服驱动系统。机械传动部件和执行机构组成机械传动系统。检测组件和反馈电路组成检测装置,也称检测系统。

进给伺服系统的任务就是要完成各坐标轴的位置控制。数控系统根据输入的程序指令及数据，经插补运算后得到位置控制指令。同时，位置检测装置将实际位置监测信号反馈于数控系统，构成全闭环或半闭环的位置控制。经位置比较后，数控系统输出速度控制指令至各坐标轴的驱动装置，经速度控制单元驱动伺服电动机滚珠丝杠传动实现进给运动。伺服电动机上的反馈装置将转速信号反馈回系统与速度控制指令比较，构成速度反馈控制。因此，进给伺服系统实际上是外环为位置环、内环为速度环的控制系统。对进给伺服系统的维护及故障诊断将落实到位置环和速度环上。组成这两个环的具体装置有：用于位置检测的有光栅、光电编码器、感应同步器、旋转变压器和磁栅等；用于转速检测的有测速发电动机或光电编码器等。

2. 进给伺服驱动系统的分类

按伺服进给系统使用的伺服类型，半闭环、闭环数控机床常用的伺服进给系统可以分为直流伺服驱动系统和交流伺服驱动系统两大类。在 20 世纪 70 年代至 80 年代的数控机床上，一般均采用直流伺服驱动；从 80 年代中、后期起，数控机床上多采用交流伺服驱动。

6.5 常用交流伺服系统介绍

1. FANUC 公司交流进给驱动系统

FANUC 公司在 20 世纪 80 年代中期推出了晶体管 PWM 控制的交流驱动单元和永磁式三相交流同步电动机，电动机有 S 系列、L 系列、SP 系列和 T 系列，驱动装置有 α 系列交流驱动单元等。

2. SIEMENS 公司交流进给驱动系统

至 1983 年以来，SIEMENS 公司推出了交流驱动系统。由 6SC610 系列进给驱动装置和 6SC611A（SIMODRIVE611A）系列进给驱动模块、1FT5 和 1FT6 系列永磁式交流同步电动机组成。驱动采用晶体管 PWM 控制技术，带有 I^2t 热效应监控等功能。另外，SIEMENS 公司还有用于数字伺服系统的 SIMODRIVE611D 系列进给驱动模块。

3. MITSUBISHI 公司交流进给驱动系统

MITSUBISHI 公司的交流驱动单元有通用型的 MR-J2 系列，采用 PWM 控制技术，交流伺服电动机有 HC-MF 系列、HA-FF 系列、HC-SF 系列和 HC-RF 系列。另外，MITSUBISHI 公司还有用于数字驱动系统的 MDS-SVJ2 系列交流驱动单元。

4. A-B 公司交流进给驱动系统

A-B 公司的交流驱动系统有 1391 系统交流驱动单元和 1326 型交流伺服电动机。

另外，还有 1391-DES 系列数字式交流驱动单元，相应的伺服电动机有 1391-DES15、1391-DES22 和 1391-DES45 三种规格。

5. 华中数控公司交流进给驱动系统

华中数控公司的交流驱动系列主要 HSV-9、HSV-11、HSV-16 和 HSV-20D 4 种型号。HSV-11 运用了矢量控制原理和柔性控制技术，共有额定电流为 14 A，20 A，40 A，60 A 的 4 个系列；HSV-16 采用专用运动控制 DSP、大规模现场可编程逻辑阵列（FPGA）和智能化功率模块（IPM）等新技术设计，操作简单、可靠性高、体积小巧、易于安装。HSV-20D 是武汉华中数控股份有限公司继 HSV-9、HSV-11、HSV-16 之后，推出的一款全数字交流伺服驱动器，有 025、050、075、100 多种型号规格功率选择范围很宽。

6.6 交流伺服系统

6.6.1 交流伺服系统简介

针对直流电动机的缺陷，仍按直流电机原理，结构上做"里翻外"的处理，即把电枢绕组作为定子、转子为永磁部分，由转子轴上的编码器测出磁极位置，就构成了永磁无刷电动机。同时随着矢量控制方法的实用化，使交流伺服系统具有良好的伺服特性。其宽调速范围、高稳速精度、快速动态响应及四象限运行等良好的技术性能，使其动、静态特性已完全可与直流伺服系统相媲美。同时可实现弱磁高速控制，拓宽了系统的调速范围，适应了高性能伺服驱动的要求。

目前，在机床进给伺服中采用的主要是永磁同步交流伺服系统，它有 3 种类型：模拟形式、数字形式和软件形式。模拟伺服用途单一，只接收模拟信号，位置控制通常由上位机实现。数字伺服可实现一机多用，如做速度、力矩、位置控制；可接收模拟指令和脉冲指令，各种参数均以数字方式设定，稳定性好；具有较丰富的自诊断、报警功能。软件伺服是基于微处理器的全数字伺服系统。其将各种控制方式和不同规格、功率的伺服电机的监控程序以软件实现。使用时可由用户设定代码与相关的数据即自动进入工作状态。配有数字接口，改变工作方式、更换电动机规格时，只需重设代码即可，故也称万能伺服。

交流伺服已占据了机床进给伺服的主导地位，并随着新技术的发展而不断完善，具体体现在三个方面：一是系统功率驱动装置中的电力电子器件不断向高频化方向发展，智能化功率模块得到普及与应用；二是基于微处理器嵌入式平台技术的成熟，将促进先进控制算法的应用；三是网络化制造模式的推广及现场总线技术的成熟，将使基于网络的伺服控制成为可能。

6.6.2　交流伺服系统的组成

交流伺服系统主要由下列几个部分构成，如图 6.5 所示。

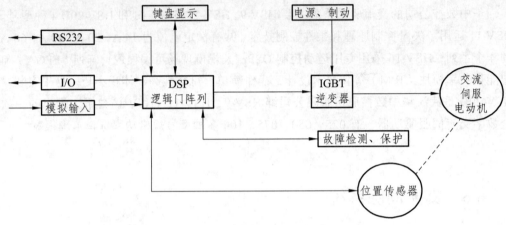

图 6.5　交流伺服系统组成

（1）交流伺服电动机。可分为永磁交流同步伺服电动机、永磁无刷直流伺服电动机、感应伺服电动机及磁阻式伺服电动机。

（2）PWM 功率逆变器。可分为功率晶体管逆变器、功率场效应管逆变器、IGBT逆变器（包括智能型 IGBT 逆变器模块）等。

（3）微处理器控制器及逻辑门阵列。可分为单片机、DSP 数字信号处理器、DSP+CPU、多功能 DSP（如 TMS320F240）等。

（4）位置传感器（含速度）。可分为旋转变压器、磁性编码器、光电编码器等。

（5）电源及能耗制动电路。

（6）键盘及显示电路。

（7）接口电路。包括模拟电压、数字 I/O 及串口通信电路。

（8）故障检测，保护电路。

6.6.3　交流伺服电动机简介

交流伺服电动机可依据电动机运行原理的不同，分为感应式（或称异步）交流伺服电动机、永磁式同步电动机、永磁式无刷直流伺服电动机和磁阻同步交流伺服电动机。这些电动机具有相同的三相绕组的定子结构。

感应式交流伺服电动机，其转子电流由滑差电势产生，并与磁场相互作用产生转矩，其主要优点是无刷、结构坚固、造价低、免维护，对环境要求低。其主磁通用激磁电流产生，很容易实现弱磁控制，高转速可以达到 4～5 倍的额定转速。缺点是需要激磁电流，内功率因数低，效率较低，转子散热困难，要求较大的伺服驱动器容量，电动机的电磁关系复杂，要实现电动机的磁通与转矩的控制比较困难，电动机非线性参数的变化影响控制精度，必须进行参数在线辨识才能达到较好的控制效果。

永磁同步交流伺服电动机，气隙磁场由稀土永磁体产生，转矩控制由调节电枢的电流实现，转矩的控制较感应电动机简单，并且能达到较高的控制精度。转子无铜、铁损耗，效率高、内功率因数高，也具有无刷免维护的特点，体积和惯量小，快速性好。在控制上需要轴位置传感器，以便识别气隙磁场的位置；价格较感应电动机贵。

无刷直流伺服电动机，其结构与永磁同步伺服电动机相同，借助较简单的位置传感器（如霍尔磁敏开关）的信号，控制电枢绕组的换向，控制最为简单。由于每个绕组的换向都需要一套功率开关电路，电枢绕组的数目通常只采用三相，相当于只有3个换向片的直流电动机，因此运行时电动机的脉动转矩大，造成速度的脉动，需要采用速度闭环才能运行于较低转速。该电动机的气隙磁通为方波分布，可降低电动机制造成本。有时，将无刷直流伺服系统与同步交流伺服混为一谈，外表上很难区分，实际上两者的控制性能是有较大差别的。

磁阻同步交流伺服电动机，转子磁路具有不对称的磁阻特性，无永磁体或绕组，也不产生损耗。其气隙磁场由定子电流的激磁分量产生，定子电流的转矩分量则产生电磁转矩。内功率因数较低，要求较大的伺服驱动器容量，也具有无刷、免维护的特点；并克服了永磁同步电动机弱磁控制效果差的缺点。它实现弱磁控制，速度控制范围可达到 0.1 ~ 10 000 r/min，也兼有永磁同步电动机控制简单的优点，但需要轴位置传感器，价格较永磁同步电动机便宜，但体积较大。

目前市场上的交流伺服电动机产品主要是永磁同步伺服电动机及无刷直流伺服电动机。

6.6.4 永磁式同步交流伺服电动机控制原理

图 6.6 为永磁同步电动机控制原理框图。交流伺服系统是一个多环控制系统，需要实现位置、速度、电流 3 种负反馈控制，因此设置了 3 个调节器，分别调节位置、速度和电流。这三者之间实行串级连接，把位置调节器的输出当作速度调节器的输入，再把速度调节器的输出作为电流调节器的输入，而把电流调节器的输出经过坐标变换后，给出同步电动机三相电压的瞬时给定值，通过 PWM 逆变器，实现对同步电动机三相绕组的控制。实测的三相电流（i_A，i_B，i_C）瞬时值，也要通过坐标反变换，成为实现电流的反馈控制。上述控制框图，在结构上电流为最内环，位置为最外环，形成了位置、速度、电流的三闭环控制系统。

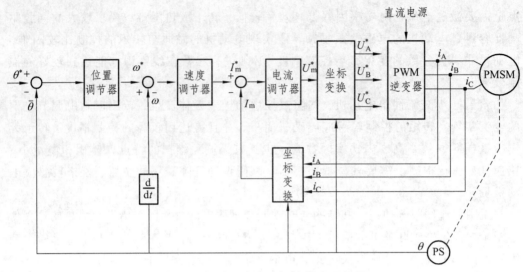

图 6.6　永磁同步电动机控制原理框图

6.6.5　进给系统对伺服电机的基本要求

伺服电机是机床进给系统的驱动装置，是进给系统的重要组成部分。数控机床与普通机床相比主要有以下几个方面的优点：高精度、良好的稳定性、动态响应速度快、调速范围宽，低速时能输出大转矩。同样的，伺服电动机也应具有高精度、快响应、宽调速和大转矩的性质。具体要求如下：

（1）电动机从最低速到最高速的调速范围内能够平滑运转，转矩波动小，尤其是在低速时要无爬行现象。

（2）电动机应具有大的、长时间的过载能力，一般要求数分钟内过载 3~5 倍而不烧毁。

（3）电动机应能在较短的时间内达到规定的速度，即有较大的加速度。

（4）电动机应能承受频繁启动、制动和反转的要求。

交流伺服电机在很大程度上满足了进给系统对其驱动装置的严格要求。所以，在绝大多数进给系统中我们都能够看到交流伺服电机的应用。

6.6.6　交流伺服电机的使用和安装要求

（1）不要直接将伺服电机连接在工业电源上，交流伺服电机的动力线一般与配套的伺服驱动器相连。

（2）在伺服电机的轴端安装或者拆卸耦合部件时（如安装联轴器到伺服电机），不要用锤子直接敲打轴端，以免损坏和伺服电机轴另一端连接的编码器。

（3）伺服电机轴端最好连接弹性联轴器，并使其径向负载和轴向负载控制在规定值以内。

（4）伺服电机可以用在受水或油滴侵袭的场所，但是它不是全防水防油的，不应当放置或使用在水中或油浸的环境中。

（5）伺服电机的电缆不要浸没在油或水中。

（6）如果伺服电机连接到一个减速齿轮，应使用加油封的伺服电机，以防止减速齿轮的油进入伺服电机。

6.7 数控车床进给系统电气原理图

6.7.1 X 轴驱动控制

X 轴驱动控制接线如图 6.7 所示。R、S 端子接单相 220 V 电源，220 V 电源通过伺服变压器提供；P、PC 端接回生电阻，消耗伺服驱动器工作过程中产生的反电动势；U、V、W 端接到伺服电动机对应的 U、V、W 相上；编码器的反馈信号连接到伺服驱动器的 CN2 接口；CN1 接口中的脉冲信号（CP+、CP－）和方向信号（DIR+、DIR－）以差分方式连接到数控系统，实现方向和位置的控制。

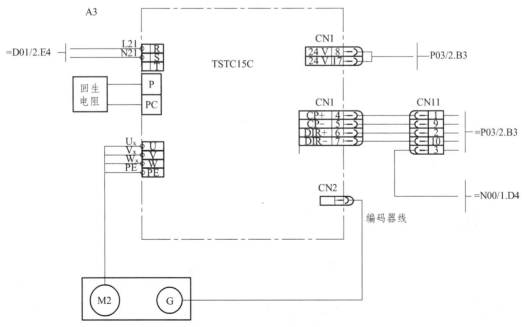

图 6.7　X 轴驱动控制接线

6.7.2　Z 轴驱动控制

Z 轴驱动控制接线与 X 轴控制接线类似，如图 6.8 所示。

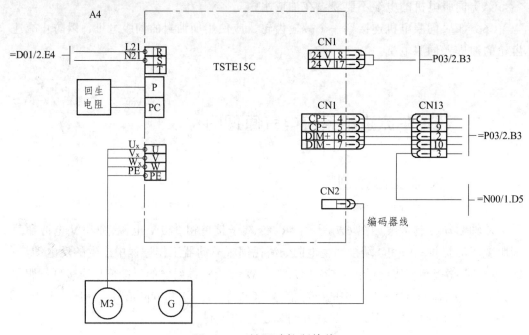

图 6.8　Z 轴驱动控制接线

6.7.3　X 轴、Z 轴超程控制信号

当输入端子 X3.0 从得电变成掉电状态，X 轴超程；当输入端子 X3.2 从得电变成掉电状态，Z 轴超程（见图 6.9）。

6.7.4　X 轴正负限位控制

X 轴的正向超程和负向超程使用电感式接近开关进行非接触式检测，电感式接近开关输出开关量信号（见图 6.10），当 X 轴处于正向超程的位置，电感式接近开关输出高电平信号，KA13 继电器线圈得电；当 X 轴处于负向超程的位置，电感式接近开关输出高电平信号，KA14 继电器线圈得电。

急停	X轴超程	Z轴超程	X轴参考点	Z轴参考点	刀架发询盘信号

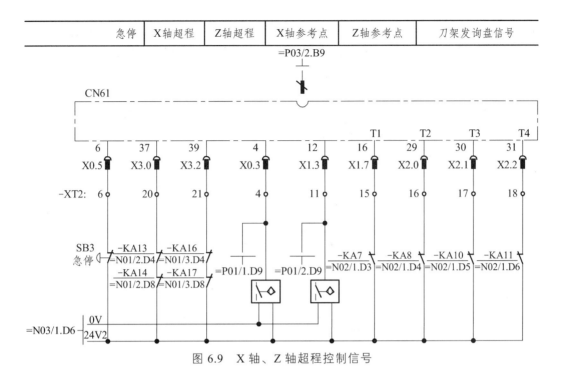

图 6.9　X 轴、Z 轴超程控制信号

X轴正限位		X轴负限位

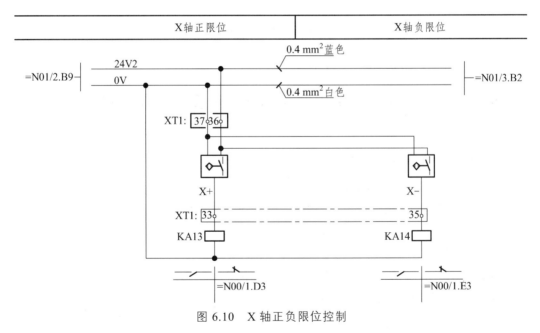

图 6.10　X 轴正负限位控制

6.7.5　Z 轴正负限位控制

Z 轴的正向超程和负向超程使用电感式接近开关进行非接触式检测，电感式接近开关输出开关量信号（见图 6.11），当 Z 轴处于正向超程的位置，电感式接近开关输出高电平信号，KA16 继电器线圈得电；当 Z 轴处于负向超程的位置，电感式接近开关输出高电平信号，KA17 继电器线圈得电。

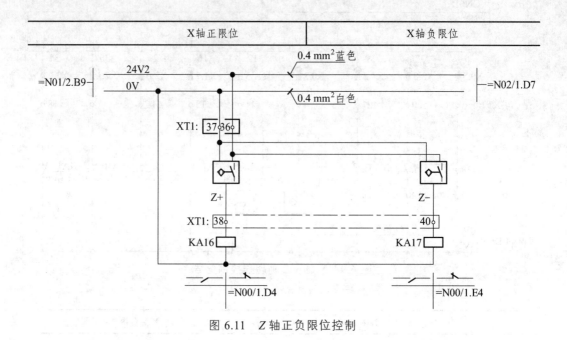

图 6.11　Z 轴正负限位控制

6.8　伺服驱动器介绍（以东元 TSTE 交流伺服驱动系统为例）

1. 伺服驱动器操作模式简介

（1）位置模式（外部脉冲命令）Pe

驱动器为位置回路，进行定位控制，外部脉冲命令输入模式是接收上位控制器输出的脉冲命令来达成定位功能。位置命令由 CN1 端子输入。

（2）位置模式（内部位置命令）Pi

驱动器为位置回路，进行定位控制，内部位置命令模式是用户将位置命令值设于十六组命令暂存，再规划数字量输入接点来切换相对的位置命令。

（3）速度模式 S

驱动器为速度回路，提供两种输入命令方式，利用数字量输入接点切换内部预先设定的三段速度命令与模拟电压（−10～+10 V）命令信号，进行速度控制。

（4）转矩模式 T

驱动器为转矩回路，转矩命令由外部输入模拟（−10～+10 V），进行转矩控制。

2. 伺服驱动器电源及周边装置配线图（见图 6.12）

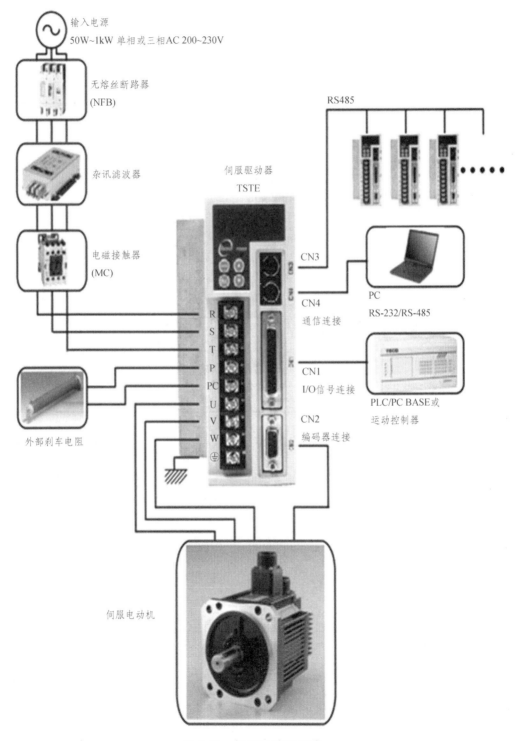

图 6.12　伺服驱动器配线

3. 单相电源配线范例（见图 6.13 和表 6.1）

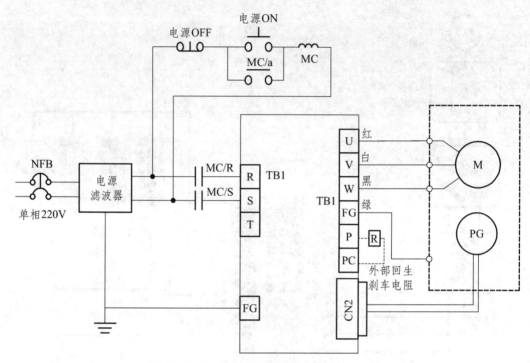

图 6.13　单相电源配线

表 6.1　TB 端子说明

名　称	端子符号	详细说明
主回路电源输入端	R	连接外部 AC 电源。单／三相 AC 200～230 V ＋10%～－15%（50/60 Hz）±5%
	S	
	T	
外部回生电阻端子	P	当使用外部回生电阻时，需在 Cn012 设定电阻功率。电阻值选用请参照技术手册的说明
	PC	
电动机电源输出端子	U	输出至电动机 U 相电源，电动机端线色为红色
	V	输出至电动机 V 相电源，电动机端线色为白色
	W	输出至电动机 W 相电源，电动机端线色为黑色
电动机外壳接地端子		电动机外壳地线接点，电动机端线色为绿色或黄绿色

4. 信号端子说明（见图 6.14 和表 6.2、表 6.3）

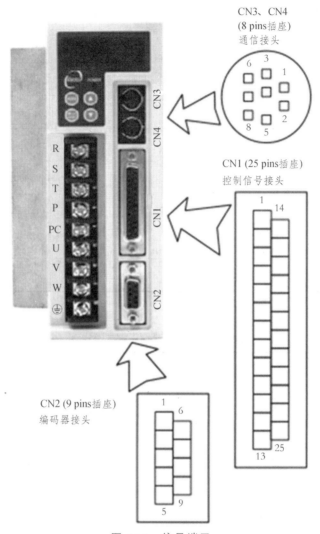

图 6.14　信号端子

表 6.2　CN1 控制端子信号说明

引脚	名称	功　能	引脚	名称	功　能
1	DI-1	数字量输入端子 1	7	/sign	位置符号输入命令（－）
2	DI-3	数字量输入端子 3	8	IP24	+24 V 电源输出
3	DI-5	数字量输入端子 5	9	/PA	分周输出/A 相
4	pulse	位置脉冲命令输入（＋）	10	/PB	分周输出/B 相
5	/pulse	位置脉冲命令输入（－）	11	/PZ	分周输出/Z 相
6	sign	位置符号输入命令（＋）	12	SIN	模拟输入端子速度/转矩命令输入

引 脚	名称	功　　能	引 脚	名称	功　　能
13	AG	模拟信号地端	20	DO-3	数字量输出端 3
14	DI-2	数字量输入端子 2	21	PA	分周输出 A 相
15	DI-4	数字量输入端子 4	22	PB	分周输出 B 相
16	DI-6	数字量输入端子 6	23	PZ	分周输出 Z 相
17	DICOM	数字量输入公共端	24	IG24	+24 V 电源地
18	DO-1	数字量输出端 1	25	PIC	模拟输入端子 速度/转矩限制命令输入
19	DO-2	数字量输出端 2			

表 6.3　CN2 编码器信号端子说明

引　脚	名　　称	功　　能
1	B	编码器 B 相输入
2	/A	编码器/A 相输入
3	A	编码器 A 相输入
4	GND	+5 V 电源地端
5	+5E	+5 V 电源输出
6	—	—
7	/Z	编码器/Z 相输入
8	Z	编码器 Z 相输入
9	/B	编码器/B 相输入

5. 位置控制接线图（见图 6.15）

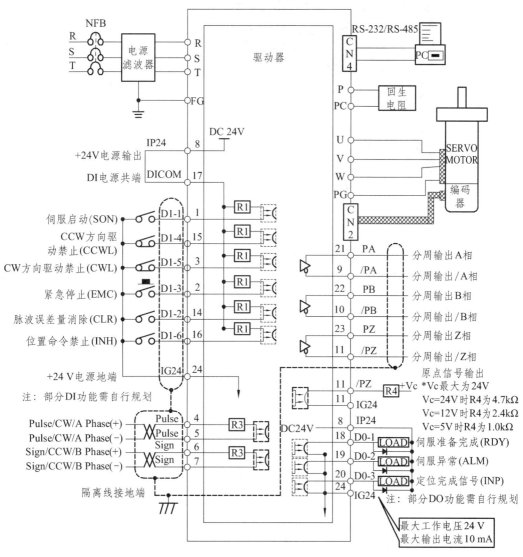

图 6.15　位置控制接线

6. 面板操作说明

操作装置包含 5 个 LED 七段显示器、4 个操作按键以及 1 个 LED 指示灯，如图 6.16 所示，各按钮功能如表 6.4 所示。其中，POWER 指示灯（绿色）亮时，表示装置已经通电，可以正常运作。当关闭电源后，装置的主电路尚有电力存在，使用者必须等到此灯全暗后才可拆装电线。

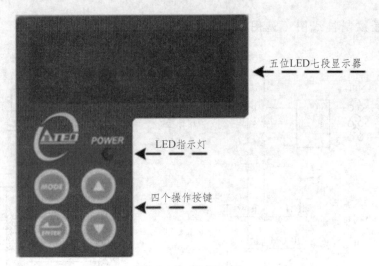

图 6.16　操作面板

表 6.4　按键功能

按键	按键名称	功能说明
(MODE)	模式选择键	1. 选择本装置所提供的 9 种参数,单击会依序循环变换参数。 2. 在设定参数画面时,单击跳回参数选择画面
(▲)	数字增加键	1. 选择各种参数的项次。 2. 改变参数值。
(▼)	数字减少键	3. 同时按下⊙及⊙键,可清除异常警报状态
(ENTER)	参数设定键	1. 资料确认,参数项次确认。 2. 左移可调整的位数。 3. 结束设定参数

注意:当切换到选择的参数项次后,持续按 ENTER 键 2 s,进入参数内容显示画面,在内容显示画面才可以修改参数的设定值,修改后,持续按 ENTER 键 2 s 直到出现-SET-后,即表示参数设定值已经储存,-SET-出现一下马上跳回。其中 Cn029 设为 1 是恢复出厂设置。

7. 参数说明

(1)驱动器参数种类。

Un-xx:状态显示参数;dn-xx:诊断参数;AL-xx:异常报警历史参数;Cn-xx:系统参数;Tn1xx:转矩控制参数;Sn2xx:速度控制参数;Pn3xx:位置控制参数;qn4xx:快捷参数;Hn5xx:多技能接点规划参数。

（2）驱动器常用参数介绍（见表6.5和表6.6）。

表6.5 系统参数

参数代号	功　　能		预设值
Cn001	控制模式选择		2
	设定值	说明	
	0	转矩控制	
	1	速度控制	
	2	位置控制（外部脉冲命令）	
	3	位置/速度控制切换	
	4	速度/转矩控制切换	
	5	位置/转矩控制切换	
	6	位置控制（内部位置控制命令）	
Cn002.0	输入接点 SON 功能选择		0
	设定值	说明	
	0	由输入接点 SON 控制伺服启动	
	1	电源开启马上启动伺服	
Cn002.1	输入接点 CCWL 和 CWL 功能选择		1
	设定值	说明	
	0	由输入接点 CCWL 和 CWL 控制 CCW 和 CW 驱动禁止	
	1	不使用输入接点 CCWL 和 CWL 控制 CCW 和 CW 驱动禁止，忽略 CCW 和 CW 驱动禁止功能	
Cn002.2	自动增益调整设定		0
	设定值	说明	
	0	不使用自动增益调整功能	
	1	持续使用自动增益调整机能	
Cn002.3	EMC 复归模式选择		0
	设定值	说明	
	0	EMC 状态解除后，仅可于 Servo Off 状态（SON 接点开路）下，以 ALRS 信号解除 AL-09 显示	
	1	EMC 状态解除后，无论于 Servo On 或 Servo off 状态下，皆可自动复位解除 AL-09 显示	
Cn029	参数重置		0
	设定值	说明	
	0	不作用	
	1	所有参数恢复成出厂设置	

表 6.6 位置控制参数

参数代号	功　能		预设值
Pn301.0	位置脉冲命令形式选择		0
	设定值	说明	
	0	脉冲（Pulse）+符号（Sign）	
	1	正转（CCW）/反转（CW）脉冲	
	2	AB 相脉冲×2	
	3	AB 相脉冲×4	
Pn301.1	位置脉冲命令逻辑选择		0
	设定值	说明	
	0	正逻辑	
	1	负逻辑	
Pn301.2	驱动禁止命令接收选择		0
	设定值	说明	
	0	驱动禁止发生后，继续记录位置命令输入量	
	1	驱动禁止发生后，忽略位置命令输入量	

6.9 进给系统 PLC 控制

手动方式控制 X 轴和 Z 轴向正方向和负方向运动，R520.3 对应输入端子 X20.3，X20.3 是 X 上运动键。K19.6 系统保持型继电器设置为 0（K19.6 为 0，代表卧车面板，K19.6 为 1，代表立车面板）。F214.0 信号确定 X 上下运动键与 X 正负方向的对应关系：当 XVAL = 0 时，X 向上运动键对应 X 轴的负方向，X 向下运动键对应 X 轴的正方向；当 XVAL = 1 时，X 向上运动键对应 X 轴的正方向，X 向下运动键对应 X 轴的负方向。R0.7 为刚性攻丝的状态，如果为刚性攻丝的状态，R0.7 得电；当按下 X 上运动键，F214.0 为 ON 状态，没有刚性攻丝时，R23.1 得电（见图 6.17）。

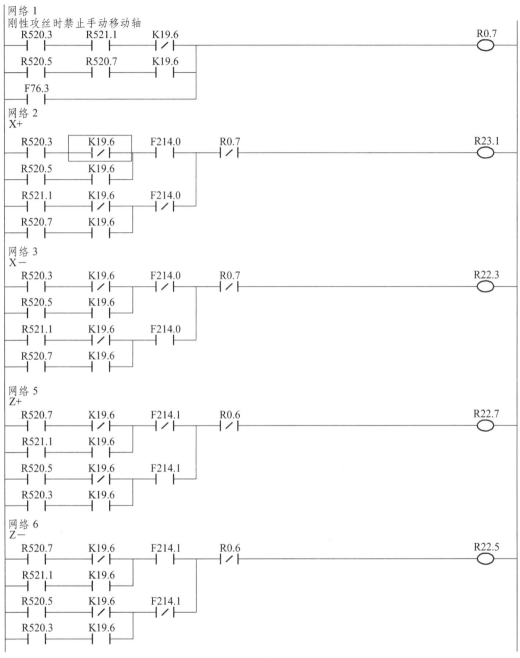

图 6.17 手动进给状态选择

　　机械回零的方式下 F4.5 得电,程序回零的方式下 F4.6 得电,F0.6 为伺服准备就绪信号,伺服准备就绪时,F0.6 得电。在没有机械回零和程序回零的方式下,而且伺服准备就绪,G100.0 得电。G100.0 是 PLC 发送给 NC 的信号,此信号的功能是在手动进给或增量进给下选择所需的进给轴和方向,执行轴移动操作,NC 将对应的轴和方向选择信号置 1。"＋""－"表明进给方向,数字与控制轴对应。G100.0 的含义是+J1，意思是第一轴正方向进给（见图 6.18）。

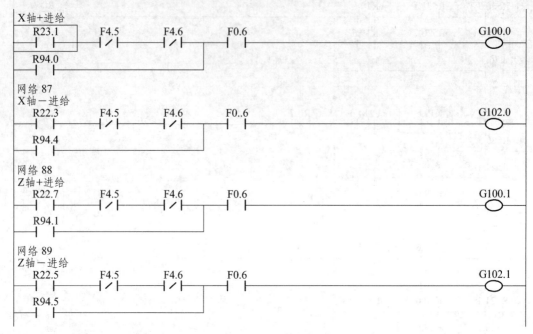

图 6.18　伺服准备就绪

进给速度的设定：选择手动移动速度，这些信号与手动进给速度的对应关系如表 6.7 所示。PLC 给 G10、G11 赋值，然后传给 NC，NC 根据 G10、G11 的值设定对应的移动速率（见图 6.19）。系统上电后，PLC 第一次运行时，C5 的值被设置为 5，G10 的值也为 5，代表进给的倍率为 100%。

表 6.7　进给倍率与速度的关系

G11	G10	进给倍率/%	进给速度/（mm/min）
0000 0000	0000 1111	0	0
0000 0000	0000 1110	10	2.0
0000 0000	0000 1101	20	3.2
0000 0000	0000 1100	30	5.0
0000 0000	0000 1011	40	7.9
0000 0000	0000 1010	50	12.6
0000 0000	0000 1001	60	20
0000 0000	0000 1000	70	32
0000 0000	0000 0111	80	50
0000 0000	0000 0110	90	79
0000 0000	0000 0101	100	126

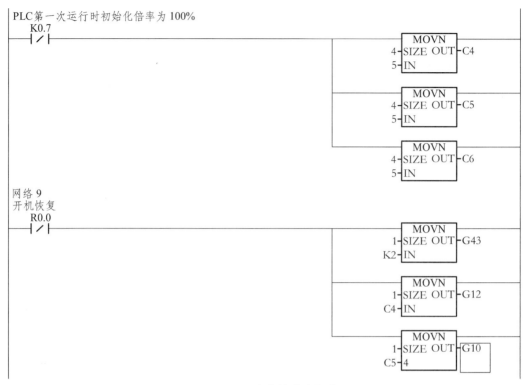

图 6.19　手动进给速度设定

超程处理（见图 6.20）：

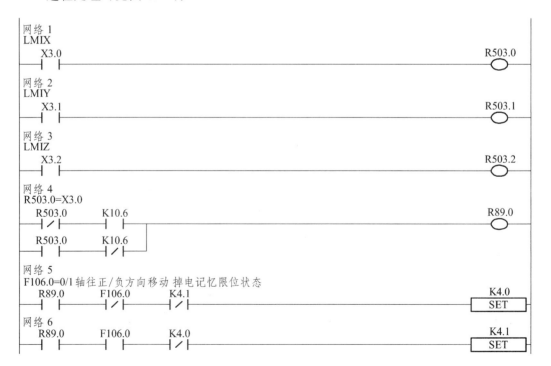

- 155 -

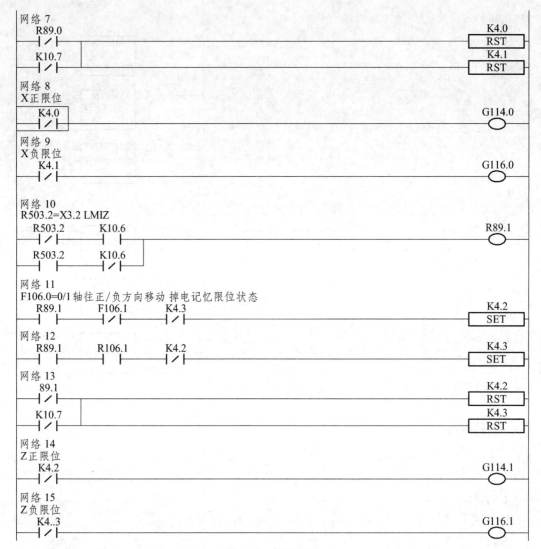

图 6.20　超程处理

　　X3.0 为 X 轴正向和负向超程输入端子，X3.2 为 Z 轴正向和负向超程输入端子。当 X 轴处于正向运动的情况下，没有运动到超程限位的位置，因为 X3.0 端子受控于 KA13 和 KA14 两个继电器常闭触头串联控制，没有在超程位置，传感器电感式接近开关输出的信号为 0，所以两个继电器的常闭保持常闭状态，X3.0 端子得电，R503.0 中间继电得电（保持型继电 K10.6 为超程检测信号，设置为 0；高电平报警，设置为 1；低电平报警，此处设置为 1。保持型继电 K10.7 为各轴超程功能，设置为 0 表示无效（设置为 1 表示有效，此处设置为 1），R503.0 常闭触头断开，R89.0 掉电，K4.0 复位，G114.0 得电，代表 X 轴正向并未运动到超程位置。当轴运动到正向超程的位置，KA13 继电器线圈得电，常闭触头断开，X3.0 输入端子掉电，R503.0 中间继电掉电，常闭触头回归常闭状态，中间继电 R89.0 得电（当 X 轴往正方向运动时，F106.0 掉电；当 X

轴往负方向运动时，F106.0 得电），所以当 X 轴运动到正向超程的位置，K4.0 被置为得电，常闭触头断开，G114.0 掉电（G114.0 是正向超程报警标志），正向超程报警。

6.10 进给系统常见故障

案例 1：X 轴正负进给不能实现，Y 轴正负进给可以正常完成

故障现象：伺服系统线路连接完成后，经检测，线路连接无误。系统上电后，通电的条件下进行系统的参数设置，系统参数设置完成后，系统上电，重新启动系统，X 轴正负进给不能实现，Y 轴正负进给可以正常完成。

故障排查：在线路连接正常，伺服电机正常工作的前提条件下，X 轴不能实现进给的功能，原因可能出在参数设置上。本系统伺服启动的条件是电源开启，伺服马上启动，系统默认的不是电源开启，伺服马上启动，所以检查 X 轴伺服驱动器的设置，经检查，Cn002.0 的参数设置为 0，而不是设置为 1。Cn002.0 的参数设置为 1，表示电源开启，伺服马上启动，所以修改伺服驱动的系统参数 Cn002.0 为 1。断电，重新启动系统，故障排除，X 轴正方向和负方向的进给可以实现。

案例 2：X 轴正负进给不能实现，Y 轴正负进给也不能实现

故障现象：伺服系统线路连接完成后，系统上电后，通电的条件下进行系统的参数设置。系统参数设置完成后，系统上电，重新启动系统，X 轴正负进给不能实现，Y 轴正负进给也不能实现。

故障排查：首先对 X 轴和 Z 轴的伺服驱动器参数设置进行检查，经检查，伺服驱动器参数设置正确无误，排除参数设置方面的问题。接下来排查进给部分的线路连接，首先检查 X 轴进给部分的线路连接。检查到伺服驱动器到伺服电机的线路连接时，发现伺服驱动器与伺服电机的 U、V、W 相需要对应连接起来，东元伺服电机的三相用不同的颜色来标记：红色（U 相）、白色（V 相）、黑色（W 相），也就是红色接伺服驱动的 U 相，白色接伺服驱动的 V 相，黑色接伺服驱动的 W 相，而实际的连接是这样的：白色接伺服驱动的 U 相，红色接伺服驱动的 V 相，交换两相接线，伺服故障排除。

案例 3：显示界面提示故障，X 轴正向超程

故障现象：数控系统启动完成后，数控系统显示界面提示故障，X 轴正向超程。

故障排查：首先检查 X 轴正向是否处于超程的位置，如果 X 轴处于正向超程的位置，在手动方式下，控制 X 轴向负方向移动。实际排查发现 X 轴正向并未超程，检查 X 轴正向限位的传感器，X 轴正向限位采用非接触式测量，用的是电感式接近开关，当电感式接近开关检测到金属时，会输出高电平信号，同时传感器指示灯亮。检查发现，虽然 X 轴并未正向超程，但是 X 轴正向超程检测的电感式接近开关灯一直亮着，初步判定传感器坏掉了，重新更换传感器，系统工作正常，故障排除。

案例 4：显示界面提示故障，X 轴正向超程

故障现象：数控系统启动完成后，数控系统显示界面提示故障，X 轴正向超程。

故障排查：首先检查 X 轴正向是否处于超程的位置，如果 X 轴处于正向超程的位置，在手动方式下，控制 X 轴向负方向移动。实际排查发现 X 轴正向并未超程。从故障现象来看，Y 轴并未显示超程报警，首先用万用表检测 X 轴线路连接是否有断路的情况，经排查，未发现有断路的情况。接下来排查继电器是否有故障，检测继电器的常开和常闭触头，经检查，发现 KA13 继电器的常闭触头在未通电的状况下不通，初步判定继电器故障，更换继电器，系统工作正常。

案例 5：伺服异常报警排除

当数控显示界面最左边两个 LED 显示 AL 时，表示进给系统目前无法正常运行，具体报警编号和排除对策见表 6.8。

表 6.8　常见异常报警及排除

异常报警编号	异常报警说明	排除对策
01	电源电压过低 外部电源电压低于额定电压	使用万用表测外部电源电压，确认输入电压是否符合规范。若仍无法解决，可能是驱动器内部组件故障
02	电源电压过高 外部电源电压高于额定电源电压、回生电压过大	1. 使用电表测量外部电源电压，确认输入电压是否符合规格。 2. 确认参数 Cn012 是否依规定设定。 3. 动作中产生此信息：在许可范围内延长加减速时间或减低负载惯量；否则需要外加回生电阻
03	电动机过负载 当驱动器连续使用大于额定负载两倍时，大约 10 s 的时间会产生此异常警报	1. 检查马达端接线 U、V、W 及编码器接线是否正常。 2. 调整驱动器增益，因为增益调整不当会造成电动机共振，导致电流过大造成电动机过负载。 3. 在许可范围内延长加减速时间或减低负载惯量
04	驱动器过电流 功率晶体异常 电动机器主回路电流超出保护范围，功率晶体直接产生异常警报	1. 检查马达端接线 U、V、W 编码器接线是否正常，并请依照马达及电源标准接线图接续外部电源。 2. 请先将电源关闭，30 min 后重新送入电源，如果异常警报依然存在，可能是驱动器内部功率晶体组件故障或噪声干扰造成
05	编码器 ABZ 相信号异常 电动机编码器故障或连接编码器的电线不良	1. 检查马达编码器接线是否接续到驱动器。 2. 检查编码器接头是否短路、冷焊或脱落。 3. 检查编码器信号端子 CN2-4 和 CN2-5（编码器电源 5 V）是否正常

续表

异常报警编号	异常报警说明	排除对策
06	通信超时异常	1. 检查通信超时参数的设定值是否正确。 2. 检查通信线连接是否有松脱或断线现象
10	电动机过电流	检查电动机端接线（U、V、W）及编码器接线是否正常
11	位置误差量过大	1. 增加位置回路增益（Pn310 及 Pn311）的设定值。 2. 增加位置回路前馈增益（Pn312）的设定值来加快马达反应速度
12	电动机过速度 侦测到的电动机速度异常过高	1. 减低输入的指令速度。 2. 电子齿轮比设定不当,确认电子齿轮比相关设定值。 3. 适当调整速度回路增益（Sn211 及 Sn213），来加快马达反应速度
13	CPU 异常 控制系统无法正常工作	先将电源关闭，30 min 后重新送入电源，如果异常警报依然存在，可能是驱动器内部受噪声干扰造成
15	驱动器过热	重复过负载会造成驱动器过热，需更正运转方式

7 数控系统故障诊断与维修

7.1 广数 GSK980TDc 系统简介

7.1.1 GSK 980TDc 系统的组成

广州数控设备有限公司最新开发制造的 GSK980TDc 车床 CNC 数控系统，是基于 GSK980TDb 升级软硬件推出的新产品，具有横式和竖式两种结构。采用 8.4 英寸彩色 LCD，可控制 5 个进给轴（含 C 轴）、2 个模拟主轴，最小指令单位 0.1 μm。该产品采用图形化界面设计，对话框式操作，人机界面更为友好。PLC 梯形图在线显示、实时监控，具有手脉试切功能。GSK 980TDc 车床 CNC 系统的控制器，如图 7.1 所示。

图 7.1　CNC 控制器

7.1.2 GSK 980TDc 数控系统接口和相连对象

GSK 980TDc 数控系统背面（见图 7.2）。

（1）驱动器接口：CN11、CN12、CN13、CN14（DB15 孔）接口，与驱动器相连（其中 CN11、CN12 分别接 X 轴驱动器和 Z 轴驱动器）。

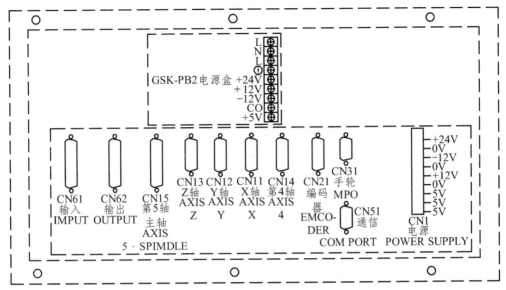

图 7.2 GSK 980TDc 数控系统背面

（2）开关电源：在系统后面的开关电源 L 和 N 两端接上 220 V 交流电。开关电源与 CNC 控制器在系统出厂时均已连接好，不用改动，但要检查在运输的过程中是否松动，如果有，则需要重新连接牢固，以免出现异常现象。

（3）电源接口：CN1 接口，由开关电源供电。

（4）通信接口：CN15 的 RS232 接口是与电脑通信的连接口。

（5）主轴接口：主轴信号指令由 CN15 模拟主轴接口引出，控制主轴转速。

（6）主轴编码器接口：CN21 接口，车床系统一般都装有主轴编码器，反馈主轴转速，以保证螺纹切削的准确性。

（7）数控系统的输入接口：本接口是选择几脚连接到接线端子排 XT1 上的，通过接线端子排连接到各个输入信号点上的。

（8）数控系统的输出接口：本接口是选择几脚连接到接线端子排 XT1 上的，通过接线端子排连接到各个控制信号点上的。

（9）存储卡插槽（系统的正面右上方），用于连接存储卡，可对参数、程序及梯形图等数据进行输入/输出操作，也可以进行 DNC 加工。

7.1.3 系统面板介绍

GSK 980TDc 数控系统的操作面板可分为状态指示灯、编辑键盘、显示菜单、机床面板、软功能键、LCD，如图 7.3 所示。

1. 编辑键盘

MDI 键盘区中间几行为字母、数字和字符部分，操作时，用于字符的输入，其中

"EOB" 键为分号（；）的输入键，如图 7.4 所示。

图 7.3　GSK 980TDc 数控系统的操作面板

2. 显示菜单区为功能键。

（1）"POS" 键：位置键；

（2）"PRG" 键：程序键；

（3）"OFT" 键：刀补键；

（4）"PAR" 键：参数键；

（5）"SET" 键：设置键；

（6）"DGN" 键：诊断键；

（7）"PLC" 键：PLC 键；

（8）"ALM" 键：报警键；

（9）"GRA" 键：图形键。

3. MDI 键盘区为编辑键

（1）"CHE 转换" 键：转换键；

（2）"INS/ALT 插入、修改" 键：插入键，修改键；

（3）"DEL 删除" 键：删除键；

（4）"RESET" 键：复位键；按此键可以使 CNC 复位，用以消除报警、程序停止等；

（5）方向键：分别代表光标的上（↑）、下（↓）、左（←）、右（→）移动；

（6）"CAN" 键：取消键，可删除已输入到缓冲器的最后一个字符；

（7）"IN" 键：写入键，当按了地址键或数字键后，数据被输入到缓冲器，并在 LCD 上显示出来；为了把键入到输入缓冲器中的数据拷贝到寄存器，按此键将字符写入到指定的位置。

4. 软功能键区

这些键对应各种功能键的各种操作功能，根据操作界面相应变化；

（1）下页键（▶）：此键用以扩展软键菜单，按下此键菜单改变，再次按下此键菜单恢复；

（2）返回键（◀）：按下对应软键时，菜单顺序改变，用此键将菜单复位到原来的菜单。

7.1.4 系统菜单

1. 系统菜单简介

按数控系统上的任意功能键，进入相应的功能菜单，每一个功能菜单包括多个内容，可以通过相应的软键、扩展菜单键以及返回菜单键调用，在每一个页面中可以使用翻页键和光标移动键，显示需要的页面（见图 7.4）。

图 7.4　MDI 软键分布

2. 功能菜单说明：

（1）按下功能键"POS"进入位置页面集，显示当前坐标轴的位置，可以在绝对、相对、综合、坐标&程序子页面之间进行切换，按相应的软键可以进入相应子页面。

（2）按下功能键"PRG"进入程序页面集，显示程序内容、MDI 程序、本地目录、U 盘目录画面，可以在此输入加工程序，以及其他操作。

（3）按下功能键"QFT"进入刀补页面集，可以进行刀偏设置、宏变量、工件坐标系、刀具寿命设定，可以对一些常用功能进行设定。

（4）按下功能键"ALM"进入报警页面集，可以查看报警日志和报警信息等。

（5）按下功能键"SET"进入设置页面集，可以进行 CNC 设置、文件管理、系统时间的更改。

（6）按下功能键"PAR"进入参数页面集，可以更改状态参数、数据参数、常用参数、螺距补偿等参数。

（7）按下功能键"DGN"进入诊断页面集，可以查看系统诊断和系统信息的子页面。

（8）按下功能键"GRA"进入图形页面集，可以查看程序执行的运动轨迹。

（9）按下功能键"PLC"进入梯图页面集，可以查看PLC状态、梯形图监控、PLC数据、程序列表的得电情况。

3. 手动操作

（1）按操作面板的"手动"键，启动手动运行方式。

（2）再按"←Z"或"→Z"或"↑X"或"↓X"方向键，使X轴或Z轴正向移动或反向移动。注意观察其位置，避免因限位开关损坏，而使其超出行程，发生碰撞或滑块脱落。

（3）在X轴或Z轴移动过程中，调节进给倍率，观察各进给轴转速的变化是否符合倍率关系。

（4）按下X轴选键，再同时按下X轴正方向键和快速倍率键，使X轴向正方向快速运行，通过在快速倍率F0、25%、50%、100%之间切换，观察X轴运行速度的变化情况。当选择F0时是以数据参数No.032的F0速度运行，其他三档是以快速运行100%的参数No.032设定值的倍数关系运行。

4. 换刀控制

在手动方式下，按"换刀"键，刀架正转换到下一把刀，刀具到位后反转卡紧；再次按"换刀"键，换到下一把刀具。任意时刻按复位键，停止动作。

5. 冷却控制

在手动方式下，按"冷却"键，其左上角的指示灯点亮，网孔板上相应的继电器的线圈得电，常开触点闭合，继电器上的指示灯亮起，表示冷却功能开启，再按一下"冷却"键，其左上角的指示灯熄灭，网孔板上相应的继电器的线圈失电，闭合的触点断开，继电器上的指示灯和按键左上角的指示灯均熄灭，表示冷却功能关闭。

6. 回参考点操作

回参考点前，在手动方式下，将X轴和Z轴的位置移动到正限位与参考点开关之间，按操作面板上的"回参考点"键，启动回参考点运行方式，按下"↑X"键，同时，X轴向负方向运行寻找参考点，当到达参考点开关时，X轴减速回零，同时在LCD上显示参考点的坐标为0，X零点指示灯亮。

X轴回零完成后，"Z轴选"和Z参考点的指示灯闪烁，按下"←Z"键，同时，Z轴向正方向运行寻找参考点，当到达参考点开关时，Z轴减速回零，同时在LCD上显示参考点的坐标为0，Z零点指示灯亮。

7. 手轮进给

在操作面板上选择"手轮"方式，按下"↑X"键，再按下手轮倍率"×1"键，拨动手轮移动 1 格刻度，数控系统上 X 轴的坐标增或减 0.001，即 X 轴运行 0.001 mm，切换到"×10"挡，拨动手轮移动 1 格刻度，数控系统上 X 轴的坐标增或减 0.01，即 X 轴运行 0.01 mm，切换到"×100"挡，拨动手轮移动 1 格刻度，数控系统上 X 轴的坐标增或减 0.1，即 X 轴运行 0.1 mm，注意观察 X 轴运行情况。

同理按下"←Z"键，重复上述操作。

8. 超程释放

机床到达极限位置时，会出现相应的限位报警，同时断开强电线路。要想退出限位，取消限位报警，需反方向运行，继电器复位后按复位键，限位报警取消。

9. MDI 运行

各轴回参考点完成后，在操作面板上选择"MDI"方式，按"程序"键，再按"MDI程序"软键进入到 MDI 程序页面，输入"G00X-10Z-15."，按输入键，再按"循环启动"按钮，执行程序，各轴将快速移动到指定的位置。

输入"M03S600;"，按"输入"键，输入"G01X-20Z-25 F200.;"，按"插入"键插入，再按"循环启动"按钮，执行程序，主轴运行，各轴进行直线插补移动到指定的位置，同时观察 X 轴和 Z 轴是否同时到达目标位置。

输入"T0100;"（当前刀具不是第一把刀的情况下），按"输入"键输入，再按"循环启动"按钮，执行程序，刀架旋转至"1"号刀位；再输入"T0300;"，按"输入"键输入，再按"循环启动"按钮，刀架旋转至"3"号刀位；输入任意刀具号（范围 1到 4），重复以上步骤，熟悉换刀控制的过程。

10. 手动运行主轴

由于手动方式下，主轴按上一次运行的速度运行，所以在运行主轴前，应先在 MDI 方式下，以一定的转速运行主轴。如：输入"M03S600;"，按"输入"键输入，再按"循环启动"键，执行程序，主轴以 S600 的速度运行。

按"复位"键主轴停转，然后在手动状态下按主轴正转键，主轴以上一次的速度（S600）正转，改变主轴倍率，观察主轴转速的变化，在主轴倍率 100%时，编码器反馈的系统转速应该与指令转速一致；按主轴停止键，主轴停止；按主轴反转键，主轴反转运行。

7.1.5 数控系统基本参数的设置与调试

数控系统正常运行的重要条件是必须保证各种参数的正确设定，不正确的参数设置与更改，可能造成严重的后果。因此，必须理解参数的功能，熟悉设定值，详细内容参考各型数控机床的《参数说明》。

1. 显示参数的操作

（1）在显示键盘区按下"参数"功能键，选择参数画面（见图7.5）。

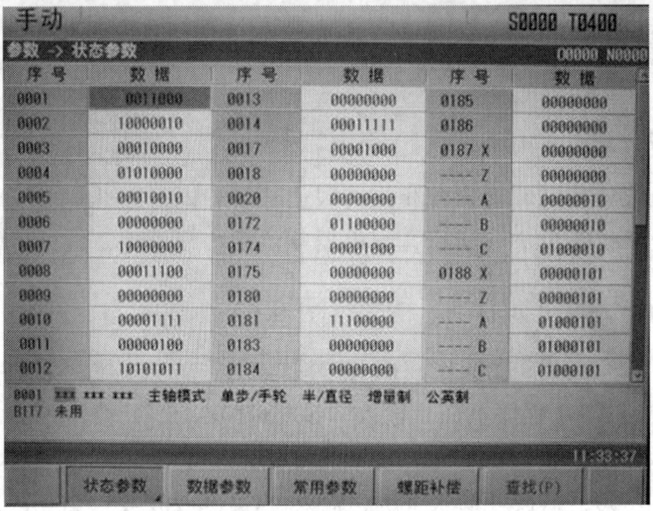

图 7.5　参数画面

（2）参数页面集是由状态参数、数据参数、常用参数、螺距补偿等子页面组成，可用光标移动键或翻页键和软功能键，寻找相应的参数画面和参数号，然后按下"查找"软健，显示指定参数所在的页面，此时光标位于指定参数的位置。

2. 用 MDI 设定参数

（1）在操作面板上选择 MDI 方式。

（2）按下"设定"功能键，进入设置页面集，显示 CNC 设置页面。

（3）将光标移动到"参数开关"处，按"L"键，打开参数开关。

（4）按"参数"功能键，进入参数页面集。

（5）进入相应的参数子页面。找到需要设定的参数页面，将光标置于需要设定的参数上。

（6）输入设定值，按"输入"键，则输入的数据将被设置到光标指定的参数中。

（7）参数设定完毕，需要将"参数开关"关闭，即禁止参数设定，防止参数被无意更改。

3. 参数设定

通常情况下，在参数设置画面输入参数号再按"号搜索"软键就可以搜索到对应的参数，从而进行参数的修改。

（1）系统参数设置。

按下"设置"功能键，打开参数开关，再按"参数"软键，找到参数设置画面，在参数画面设置表 7.1 和表 7.2 所示参数。

表 7.1　状态参数

状态参数	位　　数	数值	参数说明
No.001	Bit4	1	模拟电压控制
No.004	Bit5	1	回机床零点时，减速信号为高电平
No.006	Bit0、Bit1	0	回零方式 B
No.009	Bit0、Bit1	1	轴使能信号
No.011	Bit3	0	手动回零有效和回零不锁
No.014	Bit0、Bit1	1	有机床零点
No.172	Bit3、Bit4、Bit5	0/1	外接暂停无效和急停有效与检查软限位
No.175	Bit7、Bit6	1	切削进给时，不允许主轴停转和检查主轴 SAR 信号
No.183	Bit0、Bit1	1	负方向回机床零点
No.203	Bit0、Bit1	0	轴脉冲按（脉冲+方向）输出

表 7.2　数据参数

数据参数	数值	参数说明
No.070	1 024	编码器线数
No.075	1 400	主轴最高转速
No.084	4	总刀位数

（2）PLC 数据设置。

按"梯图"键→"PLC 数据"软键→"K 设置"软键进入 PLC 数据 K 参数进行设定页面，需设定如下 PLC 参数。

K 参数 0010 的 BIT4、BIT6、BIT7 位需要设置为 1；

K 参数 0011 的 BIT4、BIT5 位需要设置为 1；

DT 参数 0004 需要设置为 15 000，换刀允许时间；

DT 参数 0007 需要设置为 50，刀架正转停止到反转锁紧开始的延迟时间；

DT 参数 0009 需要设置为 1 000，刀架反转锁紧时间；

注：参数设定完以后，需关闭电源，重新启动系统。

7.1.6 数控系统的文件管理

GSK980TDc 系统提供的文件管理功能，可进行 CNC 与 U 盘之间的文件交换、备份数据、恢复数据及系统升级（这个在二级权限中，暂不说明）等操作。

系统打开后按设置功能键选择设置页面集，按文件管理软键进入文件管理页面（见图 7.6）。插入 U 盘后，系统自动识别 U 盘，在系统右下角显示 U 盘的图标。在文件管理页面下，按转换键选择 CNC 目录或 U 盘目录，按"↑""↓"光标移动到文件或文件夹所在行。

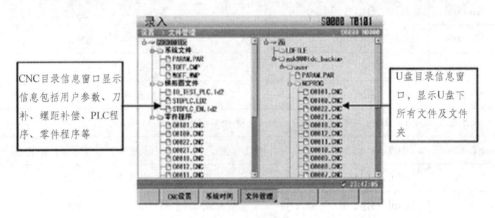

图 7.6　文件管理页面

利用 U 盘进行程序、NC 参数的备份和恢复

（1）将运行方式切换到 MDI 方式，插入 U 盘。

（2）打开参数开关后，如果要把数控系统到 U 盘中，按下"设置"功能键→"文件管理"软键→"恢复/备份"软键→"全部选择"软键→"执行操作"软键。

（3）如果要把存储卡中备份的参数恢复到数控系统中，按下数控系统上的文件管理页面中备份/恢复页面中，选择需要恢复的参数或程序后，按"执行操作"软键。

（4）关闭数控系统电源，再重新启动数控系统，参数生效。

注：NC 参数在备份到数控系统内时，使用默认名称，故在恢复到数控系统时同样使用默认名称，如果系统中已经用了相同的程序号，则不能读入。螺距补偿和 PLC 程序只有在二级以上的密码权限才能进行恢复操作。

7.1.7 数控系统与 PC 的通信

GSKComm 是数控系统的配置工程管理器，以工程为单位进行管理。GSKComm 可实现 GSK980TDc 与 PC 机之间的文件上传和下载，方便进行文件的批量传输，简单方便，有较高的传输速率和可靠性。实现通信的必备条件如下：具有 RS232 串口的通用 PC 机，串口通信电缆（2、3 交叉 5 平行的三线制）；PC 机的系统为 Windows98/2000/XP/2003；PC 机安装有 GSKComm 通信软件。

接收文件或发送文件的过程如下：

（1）先进行通信前的准备：在系统及 PC 机均断电状态下，将 DB9 针的插头插入 CNC 的 CN51 通信接口，DB9 孔插头插入 PC 机 9 针串行口（COM0 或 COM1）；设置通信波特率，使 PC 机和 CNC 之间波特率一致（数据参数 No.044 设置波特率）。打开 GSKComm 软件，新建工程序或导入工程，就能发送或接收文件。

（2）后点击"开始接收"；

（3）从 PC 机发送当前工程至 CNC：点击"通信"菜单里的"发送到工程 CNC"，然后选择所需文件后点击"开始发送"。

注：CNC 中正在使用的程序，不能够操作。

GSK980TD 系统常见的报警现象及解决方法如表 7.3 所示。

表 7.3　GSK980TD 系统常见的报警

号码	内　容	处理方法
000	急停报警，ESP 输入开路	恢复 ESP 急停信号输入，再按复位键消除报警
001	被调用的程序不存在或打开失败	按复位键消除报警，再修改程序
002	G 指令值为负数或有小数点	按复位键消除报警，再修改程序
003	单个指令字的字符数小于 2 或大于 11	按复位键消除报警，再修改程序
004	指令地址错误（地址必须为 A～Z）	按复位键消除报警，再修改程序
005	指令值非法	按复位键消除报警，再修改程序
006	段号为负数或有小数点	按复位键消除报警，再修改程序
007	非法 G 指令	按复位键消除报警，再修改程序
008	主轴模拟电压控制无效状态执行 G96 指令	按复位键消除报警，再修改程序或参数 No.001
009	未输入 00 和 01 组 G 指令且无有效的 01 组 G 指令模态时指令了移动量	按复位键消除报警，再修改程序
010	在同一个程序段中重复输入了相同的指令地址	按复位键消除报警，再修改程序
011	在同一个程序段输入的指令字超过 20 个	按复位键消除报警，再修改程序
012	指令值超出有效范围	按复位键消除报警，再修改程序
013	主轴模拟电压控制无效状态输入了 S00～S99 以外的 S 指令	按复位键消除报警，再修改程序
014	在同一个程序段中输入了 00 组和 01 组 G 指令	按复位键消除报警，再修改程序

号码	内 容	处理方法
015	主轴模拟电压控制无效状态执行了自动换档指令的 M 指令	按复位键消除报警，再修改程序
016	刀具偏置号超出有效范围（0～32）	按复位键消除报警，再修改程序
017	刀具号不在数据参数 No.084 设定的范围内	按复位键消除报警，再修改程序或参数 No.084
018	圆弧指令 G02 或 G03 中给出的数据不能组成一段正确的圆弧	No.084
030	G33 攻牙时在 X 方向移动量不为 0	按复位键消除报警，再修改程序
031	在 G71～G73 循环精加工程序段中圆弧指令（G02 或 G03）改变了坐标变化的单调性	按复位键消除报警，再修改程序
032	在 G90，G92 指令中的 R 绝对值大于 U/2 绝对值	按复位键消除报警，再修改程序
033	在 G94 指令中的 R 绝对值大于 W 绝对值	按复位键消除报警，再修改程序
034	G70～G73 指令中精加工程序段超过 100 段	按复位键消除报警，再修改程序
035	G70～G73 指令中精加工程序段的 Ns 与 Nf 顺序颠倒	按复位键消除报警，再修改程序
036	G70～G73 的循环起始段号 Ns 或循环终止段号 Nf 不存在或超出允许范围	按复位键消除报警，再修改程序
037	G70～G73 指令未输入循环起始或循环终止段号	按复位键消除报警，再修改程序
038	G71 或 G72 中的单次进刀量超出允许范围	按复位键消除报警，再修改程序
039	G71 或 G72 中的单次退刀量超出允许范围	按复位键消除报警，再修改程序
040	G73 的总切削量超出允许范围	按复位键消除报警，再修改程序
041	G73 的循环次数小于 1 或大于 99 999	按复位键消除报警，再修改程序
042	G74 或 G75 中的单次退刀量 $R(e)$ 超出允许范围	按复位键消除报警，再修改程序
043	G74 或 G75 中切削到终点时的退刀量为负值	按复位键消除报警，再修改程序
044	G74 或 G75 中 X 或 Z 方向的单次切削量超出允许范围	按复位键消除报警，再修改程序
045	G76 加工锥螺纹时起点在螺纹起点与螺纹终点之间	按复位键消除报警，再修改程序
046	G76 最小切入量超出允许范围	按复位键消除报警，再修改程序

号码	内　容	处理方法
047	G76 精加工余量超出允许范围	按复位键消除报警，再修改程序
048	G76 牙高小于精加工余量或小于 0	按复位键消除报警，再修改程序
049	G76 循环次数超出允许范围	按复位键消除报警，再修改程序
050	G76 螺纹倒角宽度超出允许范围	按复位键消除报警，再修改程序
051	G76 指令刀尖角度超出允许范围	按复位键消除报警，再修改程序
052	G76 指令 X 或 Z 轴移动量为 0	按复位键消除报警，再修改程序
053	G76 没有指定螺纹牙高 P 值	按复位键消除报警，再修改程序
054	G76 没有指定第一次切削深度 Q 值、Q 值为 0 或未输入	按复位键消除报警，再修改程序
055	G70～G73 循环中调用了子程序	按复位键消除报警，再修改程序
056	G70～G73 循环的起始段 Ns 没有指令 G00 或 G01	按复位键消除报警，再修改程序
057	G71 指令的第一段未输入 X 或 X 轴的移动量为 0	按复位键消除报警，再修改程序
058	G72 指令的第一段未输入 Z 或 Z 轴的移动量为 0	按复位键消除报警，再修改程序
059	G74 指令中未输入 Z 的值	按复位键消除报警，再修改程序
060	G74 指令中 Q 的值为 0 或未输入	按复位键消除报警，再修改程序
061	G75 指令中未输入 X 的值	按复位键消除报警，再修改程序
062	G75 指令中 P 的值为 0 或未输入	按复位键消除报警，再修改程序
063	G70～G73 循环开始段使用了被禁止使用的 G 指令	复按复位键消除报警，再修改程序
064	G70～G73 循环结束段使用了被禁止使用的 G 指令	按复位键消除报警，再修改程序
065	在录入方式执行了 G70～G73	在录入方式下不可执行 G70～G73 指令，按复位键消除报警
095	M98 调用子程序时未输入子程序号或子程序号非法	按复位键消除报警，再修改程序
096	子程序的嵌套层数超过 4 层	按复位键消除报警，再修改程序
097	M98 指令调用的是当前程序（主程序）	按复位键消除报警，再修改程序
098	在录入方式下使用了 M98 或 M99 指令	按复位键消除报警，再修改程序
099	C 刀补状态下使用了 M98 或 M99 指令	按复位键消除报警，再修改程序

号码	内　容	处理方法
101	G65 中 H11,H12,H13,H25 运算数不是二进制数	按复位键消除报警,再修改程序
102	G65 中 H24 的运算数大于 1023	按复位键消除报警,再修改程序
103	G65 除法运算时分母为 0	按复位键消除报警,再修改程序
104	G65 中指令了非法的 H 指令	按复位键消除报警,再修改程序
105	G65 中宏变量号非法(错误)	按复位键消除报警,再修改程序
106	G65 中未指令变量 P 或 P 值为零	按复位键消除报警,再修改程序
107	G65 中 Q 指令字未输入或非法	按复位键消除报警,再修改程序
108	G65 中 R 指令字未输入或非法	按复位键消除报警,再修改程序
109	G65 中 P 指令值不是变量	按复位键消除报警,再修改程序
110	G65 中开平方的运算数为负数	按复位键消除报警,再修改程序
111	G65 中 H99 的用户报警号超出范围	按复位键消除报警,再修改程序
112	G65 中跳转或 M99 程序返回的程序段号超出范围	按复位键消除报警,再修改程序
113	G65 中跳转或 M99 程序返回的程序段号不存在	按复位键消除报警,再修改程序
251	编程有误导致 C 型刀补运算出错	按复位键消除报警,再修改程序
252	编程有误导致在 C 型刀补过程中圆弧加工段的终点不在圆弧上	按复位键消除报警,再修改程序
253	编程有误在加工轨迹上相邻两点坐标相同导致无法进行 C 型刀补	按复位键消除报警,再修改程序
254	编程有误在圆弧加工段中圆心与圆弧起点相同导致无法进行 C 型刀补	按复位键消除报警,再修改程序
255	编程有误在圆弧加工段中圆心与圆弧终点相同导致无法进行 C 型刀补	按复位键消除报警,再修改程序
256	圆弧半径小于刀尖半径无法进行 C 型刀补	按复位键消除报警,再修改程序
257	编程有误导致 C 型刀补中在当前刀尖半径下两圆弧轨迹无交点	按复位键消除报警,再修改程序
258	在建立 C 型刀补时指定了圆弧指令	按复位键消除报警,再修改程序
259	撤销 C 型刀补时指定了圆弧指令	按复位键消除报警,再修改程序
260	C 型刀补干涉检查有过切现象	按复位键消除报警,再修改程序

号码	内 容	处理方法
261	编程有误导致 C 型刀补中在当前刀尖半径下直线接圆弧轨迹无交点	按复位键消除报警，再修改程序
262	编程有误导致 C 型刀补中在当前刀尖半径下圆弧接直线轨迹无交点	按复位键消除报警，再修改程序
301	参数开关已打开	同时按住"复位"和"取消"键取消报警或关闭参数开关
302	CNC 初始化失败	断电后重新上电
303	零件程序打开失败	按复位键消除报警或断电后重新上电
304	零件程序保存失败	按复位键消除报警或断电后重新上电
305	零件程序的总行数超出范围（69993），禁止打开	按复位键消除报警
306	输入了非法指令字	MDI 下输入了非法的指令字，按复位键消除报警，请正确输入指令字
307	存储器存储容量不够	按复位键消除报警，删除不用的零件程序
308	程序号超出范围	按复位键消除报警，或断电后重新上电
309	当前操作权限禁止编辑宏程序	按复位键消除报警，更改操作权限
310	PLC 程序（梯形图）打开失败	重新下载 PLC 程序（梯形图）
311	PLC 程序（梯形图）编辑软件版本不符	更新 GSKCC 软件版本
312	PLC 程序（梯形图）一级程序过长	修改 PLC 程序（梯形图）
313	编辑键盘或操作面板故障	同时按住"复位"和"取消"键取消报警，或断电后重新上电
314	存储器故障，请检修或重新上电再试	按复位键消除报警，请重新上电或送厂家检修
401	没有定义程序零点	按复位键消除报警，再用 G50 设置程序零点
402	未定义挡位的最高转速，请检查参数 No.037～No.040	按复位键消除报警，重新设置 No.037～No.040 的参数值，断电后重新上电
403	运行速度太快	按复位键消除报警，再修改程序或参数
404	由于主轴停止转动，进给被停止	按复位键消除报警，再检查主轴
405	螺纹加工主轴转速太低	按复位键消除报警，再改变主轴速度
406	螺纹加工主轴转速太高	按复位键消除报警，再改变主轴速度

号码	内　容	处理方法
407	螺纹加工时主轴转速波动超过限制	按复位键消除报警，再检查主轴或修改参数 No.106
411	超出 X 轴正向软件行程限制	按复位键消除报警，负方向移动 X 轴
412	超出 X 轴负向软件行程限制	按复位键消除报警，正方向移动 X 轴
413	超出 Z 轴正向软件行程限制	按复位键消除报警，负方向移动 Z 轴
414	超出 Z 轴负向软件行程限制	按复位键消除报警，正方向移动 Z 轴
421	X 轴驱动器未准备就绪	故障排除后，按复位键消除报警
422	Z 轴驱动器未准备就绪	故障排除后，按复位键消除报警
426	X 轴驱动器报警	故障排除后，按复位键消除报警
427	Z 轴驱动器报警	故障排除后，按复位键消除报警
440	CNC 急停处理不成功	断电后重新上电

7.2　FANUC 0i 数控系统

7.2.1　常见报警及解决方法

FANUC 0i 系统常见的报警现象及解决方法如表 7.4 所示。

表 7.4　FANUC 0i 系统常见的报警现象及解决方法

典型故障	故障原因	解决方法
P/S00#报警	设定了重要参数，如伺服参数，系统进入保护状态，需要系统重新启动，装载新参数	在确认修改内容后，切断电源，再重新启动即可
P/S100#报警	修改系统参数时，将写保护设置 PWE＝1 后，系统发出该报警	1. 发出该报警后，可照常调用参数页面修改参数。 2. 修改参数进行确认后，将写保护设置 PWE＝0。 3. 按 "RESET" 键将报警复位，如果修改了重要的参数，需重新启动系统
P/S101#报警	存储器内程序存储错误，在程序编辑过程中，对存储器进行存储操作时电源断开，系统无法调用存储内容	1. 在 MDI 方式，将写保护设置为 PWE＝1。 2. 系统断电，按着 "DELETE" 键，给系统通电。 3. 将写保护设置为 PWE＝0，按 "RESET" 键将101#报警消除

典型故障	故障原因	解决方法
P/S85～87 串行接口故障	在对机床进行参数、程序的输入，往往用到串行通信，利用 RS232 接口将计算机或其他存储设备与机床连接起来。当参数设定不正确，电缆或硬件故障时会出现报警	85#报警：在从外部设备读入数据时，串行通信数出现了溢出错误，被输入的数据不符或传送速度不匹配，检查与串行通信相关的参数，如果检查参数没错误还出现该报警时，检查 I/O 设备是否损坏。 86#报警：进行数据输入时 I/O 设备的动作准备信号（DR）关断。需检查： 1. 串行通信电缆两端的接口（包括系统接口）； 2. 检查系统和外部设备串行通信参数； 3. 检查外部设备； 4. 检查 I/O 接口模块（可进行更换模块进行检查或去专业公司检查）。 #87 报警：有通信动作，但通信时数控系统与外部设备的数据流控制信号不正确，检查： 1. 系统的程序保护开关的状态，在进行通信时将开关处于打开状态； 2. I/O 设备和外部通信设备
90#报警（回零动作异常）	返回参考点中，开始点距参考点过近，或是速度过慢	1. 正确执行回零动作，手动将机床向回零的反方向移动一定距离，这个位置要求在减速区以外，再执行回零动作。 2. 如果以上操作后仍有报警，检查回零减速信号，检查回零挡块，回零开关及相关联的信号电路是否正常。 3. 机床的回零参数在机床厂已经设置完成，可检查回零时位置偏差（DOG800～803）是否大于128，大于128进行第4项；如果低于128，可根据参数清单检查以下参数是否有变化：PRM518～521（快移速度），PRM#559～562（手动快移速度）。做适当调整使回零时的位置偏差大于或等于 128。 4. 如果位置偏差大于 128，检查脉冲编码器的电压是否大于 4.75 V，如果电压过低，更换电源；电压正常时仍有报警需检查脉冲编码器和轴卡

典型故障	故障原因	解决方法
3n0(n轴需要执行回零)	绝对脉冲编码器的位置数据由电池进行保持，不正确的更换电池方法（在断电的情况下换电池），更换编码器，拆卸编码器的电缆	该报警的恢复就是使系统记忆机床的位置，有以下两种方法： 1. 如果有返回参考点功能，可以手动将报警的轴执行回零动作，如果在手动回零时还有其他报警，改变参数 PRM21#（该参数指明各轴是否使用了绝对脉冲编码器），消除报警，并执行回零操作，回零完成后使用"RESET"消除该报警。 2. 如果没有出现回零功能，用 MTB 完成回零设置，方法如下： （1）手动方式将机床移到回零位置附近（机械位置）； （2）选择回零方式； （3）选择回零轴，选择移动方向键"+"或"－"移动该轴，机床移到下一个栅格时停下来，这位置就被设为回零点
3n1～3n6（绝对编码器故障）	编码器与伺服模块之间通信错误，数据不能正常传送	在该报警中涉及三个环节：编码器、电缆、伺服模块。先检测电缆接口，再轻轻晃动电缆，注意看是否有报警，如果有，修理或更换电缆。在排除电缆原因后，可采用置换法，对编码器和伺服模块进行进一步确认
3n7～3n8（绝对脉冲编码器电池电压低）	绝对脉冲编码器的位置由电池保存，当电池电压低有可能丢失数据，所以系统检测电池电压，提醒到期更换	选择符合系统要求的电池进行更换。 必须保证在机床通电情况下，执行更换电池的工作
SV400#，SV402#（过载报警）	400#为第一、第二轴中有过载；402#为第三、第四轴中有过载	当发生报警时，要首先确认是伺服放大器或是电机过热，因为该信号是常闭信号，当电缆断线和插头接触不良也会发生报警，请确认电缆，插头。 如果确认是伺服/变压器/放电单元，伺服电机有过热报警，那么检查： 1. 过热引起（测量 IS, IR 侧联负载电流，确认超过额定电流）：检查是否由于机械负载过大，加减速的频率过高，切削条件引起的过载。 2. 连接引起：检查过热信号的连接。 3. 有关硬件故障，检查各过热开关是否正常，各信号的接口是否正常

典型故障	故障原因	解决方法
SV401, SV403（伺服准备完成信号断开报警）	401：提示第一、第二轴报警 403：提示第三、第四轴报警	当发生报警时首先确认急停按钮是否处于释放状态： 1. 伺服放大器无吸合动作（MCC）时，检查：伺服放大器侧或电源模块的急停按钮或急停电路故障；伺服放大器的电缆连接问题；伺服放大器或轴控制回路故障（可采用置换法对怀疑部件进行置换分析）。 2. 伺服放大器有吸合动作，但之后发生报警；伺服放大器本身有报警，可以参考放大器报警提示；伺服参数设定不正确，对照参数清单进行检查
SV4n0：停止时位置偏差过大	当 NC 指令停止时，伺服偏差计数器的偏差（DGN800～803）超过了参数PRM593～596 所设定的数值，则发生报警	当发生故障时通过诊断号（DGN800～803）的偏差计数器观察。一般在无位置指令情况下，该偏差计数器应在很小的范围内（±2）；如果偏差较大（有位置指令，无反馈置信号），检查：伺服放大器和电机的动力线是否有断线情况；伺服放大器的控制不良，更换电路板试验；轴控制板不良；参数不正确：按参数清单检查 PRM593～596
SV4n1（运动中误差过大）	当 NC 发出控制指令时，伺服偏差计数器（DGN800～803）的偏差超过 PRM504～507 设定的值时发出报警	当发生故障时，可以通过诊断（DGN800～803）来观察偏差情况。一般在给定指令的情况下，偏差计数器的数值取决于速度给定，位置环增益和检测单位。 位置偏差量： $$P=\frac{\text{进给速度}}{60kp}\times\frac{1}{\text{检查单位}}$$ 原因：观察在发生报警时，机械侧是否发生了位置移动，当系统发出位置指令，机械哪怕有很小的变化，可能是机械的负载引起；当没有发生移动时，检查放大器。当发生报警前有位置变化时，有可能是机械负载过大或参数设定不正常引起的，请检查机械负载和相关参数（位置偏差极限，伺服环增益，加减速时间常数 PRM504～507，518～521）。 当发生报警前机械位置没有发生任何变化时，请检查伺服放大器电路、轴卡，通过 PMC 检查伺服是否断开。检查伺服放大器和电机之间的动力线是否断开

典型故障	故障原因	解决方法
SV4n4#（数字伺服报警）	它是伺服放大器和伺服电机有关的各种报警的总和，这些报警有可能是伺服放大器及伺服电机本身引起的，也可能是系统的参数设定不正确引起的	当发生此报警时，我们首先通过系统的诊断数据来确定是哪一类报警，下列参数对应的位为 1 说明发生了对应的报警。 | OVL | LV | OVC | HCAL | HVAL | DCAL | FBAL | OFAL | OVL 伺服过载报警，请按前面提到的 400 检查； LV 低电压报警，表示在伺服放大器中发生了电压不足。其分析步骤如下： 1. 首先检查伺服放大器上的熔断器 F1 是否熔断，如熔断，则更换，若再次熔断则可考虑更换伺服放大器。 2. 检查伺服放大器的输入电压是否在允许的波动范围内（80%～110%），如果电压正常，则是伺服放大器不良。 3. 确认是否使用了伺服变压器，如果没有使用或虽使用但其输入电压不正常，则检查供给电源。 4. 确认伺服电源变压器的连接及其电缆，如连接不好，则进行修正，否则可以认为是伺服电源变压器不良。 OVC 过电流报警，表示在防止电动机烧毁的电流值监视电路中电流在一定的时间内积分值超过了规定值。分析如下： 1. 首先确认参数 PRM8140，8141，8156，8157 的 PK1，PK2，EMFCMP，PVPA 的值是否正确； 2. 用伺服放大器上的检测端子 IR，IS 测量负载电流，确认瞬间电流是否超过允许值（20 s 以下的电动机应为额定电流的 1.4 倍，20 s 以上的电动机为 1.7 倍），如未超过，则说明轴电路不良； 3. 如瞬间电流超过允许值，则继续观察在恒定进给状态下负载电流是否也超过允许值，如果是则按 4 进行检查；否则，是由于加减速时电动机的能量不足引起的，其解决办法有以下几种：重新选定电动机，降低进给速度，增加加减速时间常数，这包括快速进给加减速时间常数（PRM522～525），切削进给加减速时间常数 PRM529 以及手动进给加减速时间常数（PRM601～604）

典型故障	故障原因	解决方法
SV4n4#(数字伺服报警)	它是伺服放大器和伺服电机有关的各种报警等的总和，这些报警有可能是伺服放大器及伺服电机本身引起的，也可能是系统的参数设定不正确引起的	4. 确认是否由于制动器等外界因素增加了机械负载，若是，检查机床部分，设法减少机械负载，若不是，则可以考虑以下几种原因：电动机功率不够，电动机不良，轴电路不良。 HC 高电流报警,表示伺服放大器中发生一异常大电流，分析如下： 1. 确认参数，检查电机型号（PRM8120）以及电流环增益（PRM8140~8142），如不正确，修正该值，否则，按如下进行。 2. 切断 MC 及伺服放大器的输入电源，从伺服放大器侧取下电动机的动力电缆，检查电缆对地的绝缘情况。有问题，再进一步检查是电缆问题还是电机问题，进行修理或更换。 3. 测量 U-V，U-W，V-W 的阻值，如果大体相等为正常，否则电机有问题。 HV 高电压报警，表示在伺服放大器中发生了过电压报警。分析如下： 1. 先确认输入电压是否在允许波动范围内，如不正常，则执行 2，如果正常，执行 4。 2. 确认是否使用了伺服变压器，如未使用，则检查动力电源，如使用则确认伺服变压器的输入电压，如输入电压不正常检查动力电源，如果电源正常，按如下进行。 3. 确认伺服变压器的连接及连接电缆，如不正确立即修改，如果正确可认为伺服变压器不良。 4. 检查确认相对于负载的加减速时间常数是否过小，适当调整；如果适当则检查分离型再生放电单元的连接是否正确，如正确则执行 5；如不正确，重新进行连接。 5. 切断电源，确认分离型再生放电单元的阻值是否正确，如正确则可以认为是伺服放大器不良或伺服放大器的规格不适合机械负载，如不正确则更换分离型再生放电单元

典型故障	故障原因	解决方法
SV4n4#（数字伺服报警）	它是伺服放大器和伺服电机有关的各种报警的总和，这些报警有可能是伺服放大器及伺服电机本身引起的，也可能是系统的参数设定不正确引起的	DC 放电报警,表示伺服放大器中再生放电回路发生报警，分析如下： 1. 首先检查确认伺服放大器上端子 S2 的设定是否正确。（若使用分离型再生放电单元，设定为 H；若不使用，设定为 L）。 2. 检查再生放电单元的连接。 3. 确认加减速是否频繁，如不频繁则考虑是伺服放大器不良；如频繁，则可采用减少加减速的频度或重新研究分离型再生放电单元的设置及规格
ALM910/911 RAM 奇偶校验报警	FANUC 数控系统存储卡的 RAM 的数据在读写过程中，具有奇偶校验电路，一旦出现写入数据和读出数据的校验位不符时，就会出现奇偶校验报警，910#和 911#分别提示低字节/高字节数据报警	1. 印刷电路板存储卡接触不良。当发生该类报警时，首先关断系统电源，进行系统全清操作。方法是同时按住系统的"RESET"和"DELETE"键，在打开电源,此时系统将清除存储板中 RAM 的所有数据。执行以上操作后，仍然不能清除存储器报警时，则要考虑该故障可能是因为系统的 RAM 接触不良，请更换新的存储卡，或进行该板的维修。 2. 由于外界的干扰引起的数据报警，当执行系统 RAM 全清后，如果系统能进入正常的状态（不再发生该报警），则可能是外界干扰引起的，在这种情况下要检查系统整体地线和走线等，采取有效的抗干扰措施。 3. 存储器的电池电压偏低，可以检查存储卡上的检查端子，检查电池电压。该电压正常为 4.5 V，当低于 3.6 V 时，可能会造成系统 RAM 的存储报警。 4. 电源单元异常引起，电源异常也有可能引起该类报警，此时进行系统全清后，报警会清除
ALM920 系统监控（Watch dog）	Watch dog 是对主 CPU 的运行进行监控的电路，检测的电路为触发器构成，由系统的时钟使其置位，正常时有 CPU 进行复位。当 CPU 以及外设发生故障时，CPU 不能将其复位故发生报警	1. 系统主板接触不良，检查 CPU 周围电路，或更换主印刷电路板。 2. CNC 的控制软件（ROM）不良，考虑到软件问题时，请将软件恢复正常。 3. 电源单元不良，检查电源单元的电压。 4. 轴控制卡不良，Watch dog 电路安装在轴控制卡上，当检测电路异常或发生错误时出现报警
ALM930 CPU 报警	系统主板不良	更换主板

7.2.2　CNC 电源单元不能通电

CNC 单元的电源上有两盏灯，一个是绿色的电源指示灯，另一盏是红色的电源报警灯。这里说的电源单元，包括电源输入单元和电源控制部分。

1. 当电源不能接通时，如果电源指示灯（绿色）不亮

（1）电源单元的保险 F1、F2 已熔断。这是因为输入高电压引起，或者是电源单元本身的元器件已损坏。

（2）输入电压低。检查进入电源单元的电压，电压的容许值为 AC 200 V ± 10%，50 Hz ± 1 Hz。

（3）电源单元不良，内有元件损坏。

2. 电源指示灯亮，报警灯也消失，但电源不能接通

这是因为电源接通（ON）的条件不满足。开关电路电源接通的条件如图 7.7 所示。

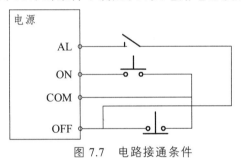

图 7.7　电路接通条件

电源接通条件有 3 个：① 电源 ON 按钮闭合；② 电源 OFF 按钮闭合；③ 外部报警接点打开。

3. 24 V 输出电压的保险熔断

（1）9 英寸显示器屏幕使用+24 V 电压，如图 7.8 所示，检查+24 V 与地是否短路。

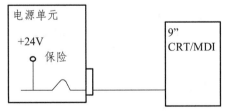

图 7.8　9 英寸显示器屏幕电源

（2）显示器/手动数据输入板不良。

4. 电源单元不良

此时，可按下述步骤进行检查：

（1）把电源单元所有输出插头拔掉，只留下电源输入线和开关控制线。

（2）把机床所有电源关掉，把电源控制部分整体拔掉。

（3）再开电源，此时如果电源报警灯熄灭，那么可以认为电源单元正常，而如果电源报警灯仍然亮，那么电源单元坏。

注意：16/18 系统电源拔下的时间不要超过半小时，因为 SRAM 的后备电源在电源单元上。

5. 24E 的保险熔断

（1）+24E 是供外部输入/输出信号用的，参照图 7.9 检查外部输入/输出回路是否短路。

（2）外部输入/输出开关引起+24E 短路或系统 I/0 板不良。

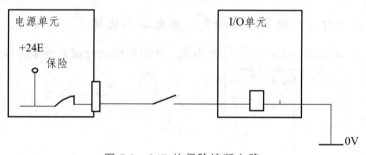

图 7.9　24E 的保险熔断电路

6. 4.5 V 电源的负荷短路

检查方法：把+5 V 电源所带的负荷一个一个地拔掉，每拔一次，必须关电源再开电源，参照图 7.10 所示。

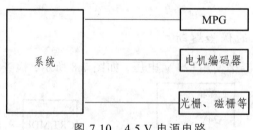

图 7.10　4.5 V 电源电路

当拔掉任意一个+5 V 电源负荷后，电源报警灯熄灭，那么，可以证明该负荷及其连接电缆出现故障。

注意：当拔掉电机编码器的插头时，如果是绝对位置编码器，还需要重新回零，机床才能恢复正常。

7. 系统的印刷板上有短路

请用万用表测量+5 V，±15 V、+24D 与 0V 之间的电阻。必须在电源关的状态下测量。

（1）把系统各印刷板一个一个拔下，再开电源，确认报警灯是否再亮。

（2）如果当某一印刷板拔下后，电源报警灯不亮，那就可以证明该印刷板有问题，更换该印刷板。

（3）对于 0 系统，如果+24D 与 0 V 短路，更换时一定要把输入/输出板与主板同时更换。

（4）当计算机与 CNC 系统进行通信作业，如果 CNC 通信接口损坏，有时也会使系统电源不能接通。

7.2.3　返回参考点时出现偏差

参考点（Reference point）是数控厂家通过在伺服轴上建立一个相对稳定不变的物理位置，又称电气栅格。所谓返回参考点，严格意义上是回到电气栅格零点。加工时所使用的工件坐标零点（G54～G59）是在参考点的基础上进行一定量的偏置而生成的。所以当参考点一致性出现问题时，工件零点的一致性也丧失，加工精度更无从保证。

1. 参考点位置偏差 1 个栅格

参考点位置偏差 1 个栅格的原因及解决办法如表 7.5 所示。

表 7.5　参考点位置偏差 1 个栅格的原因及解决办法

项目	可能原因	如何检查	解决办法
1	减速挡块位置不正确	用诊断功能监视减速信号，并记下参考点位置与减速信号起作用的点位置	这两点之间的距离应该等于大约电机转一圈时机床所走的距离的一半
2	减速挡块太短	按 FANUC 维修说明书中叙述的方法计算减速挡块的长度	按计算长度，安装新的挡块
3	回零开关不良	在一个栅格内，*DECX 发生变化	*DECX 电气开关性能不良，请更换
		在一个栅格内，*DECX 信号不发生变化	挡块位置安装不正确

2. 参考点返回位置随机变化

参考点返回位置是随机变化的原因及解决办法如表 7.6 所示。

表 7.6 参考点返回位置随机变化的原因及解决办法

项目	可能原因	如何检查	解决办法
1	干扰	1. 检查位置编码器反馈信号线是否屏蔽； 2. 检查位置编码器的信号线是否与电机的动力线分开	1. 位置编码器的反馈信号线用屏蔽线； 2. 位置编码器的反馈信号线与电机的动力线分开走线
2	位置编码器的供电电压太低	检查编码器供电电压。	供电电压不能低于 4.8 V
3	电机与机械的联轴节松动	在电机和丝杠上分别做一个记号，然后再运行该轴，观察其记号	拧紧联轴节
4	位置编码器不良		更换位置编码器，并观察更换后的偏差，看故障是否消除
5	电动机代码输入错，电动机力矩小	开机后可以听到电动机嗡嗡响声	正确输入电动机代码，重新进行伺服的初始化
6	回参考点计数器容量设置错误	重新计算并设置参考点计数器的容量	特别是的在 0.1 μ 的系统里，更要按照说明书，仔细计算
7	伺服控制板或伺服接口模块不良		更换伺服控制板或接口模块

参考文献

[1] 刘江. 数控机床故障诊断与维修[M]. 北京：高等教育出版社，2007.

[2] 刘永久. 数控机床故障诊断与维修技术（FANUC 系统）[M]. 2 版. 北京：机械工业出版社，2011.

[3] 邓三鹏，周先芳，柏占伟. 数控机床故障诊断与维修[M]. 北京：机械工业出版社，2009.

[4] 朱强，赵宏立. 数控机床故障诊断与维修[M]. 2 版. 北京：人民邮电出版社，2014.

[5] 岳秋琴. 数控加工编程与操作[M]. 北京：北京理工大学出版社，2010.

[6] 岳秋琴. 现代数控原理及系统[M]. 北京：北京希望电子出版社，2006.

[7] 曹健. 数控机床装调与维修[M]. 2 版. 北京：清华大学出版社，2016.

[8] 孙慧平，陈子珍，翟志永. 数控机床装配、调试与故障诊断[M]. 北京：机械工业出版社，2011.

[9] 蒋洪平. 数控设备故障诊断与维修[M]. 北京：北京理工大学出版社，2006.

[10] 张志军，柳文灿. 数控机床故障诊断与维修[M]. 北京：北京理工大学出版社，2010.

[11] 韩鸿鸾. 数控机床装调维修工[M]. 北京：化学工业出版社，2011.